孩子超喜爱的漫画科学

物理好神奇呀

李甲申 编著

石油工业出版社

图书在版编目（CIP）数据

物理好神奇呀 / 李甲申编著 . —北京：石油工业
出版社，2023.1
（孩子超喜爱的漫画科学）
ISBN 978-7-5183-5665-2

Ⅰ . ①物… Ⅱ . ①李… Ⅲ . ①物理 – 青少年读物
Ⅳ . ① 04–49

中国版本图书馆 CIP 数据核字（2022）第 186468 号

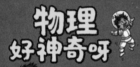

李甲申　编著

出版发行：石油工业出版社
　　　　　（北京市朝阳区安华里二区 1 号楼　100011）
网　　　址：www.petropub.com
编 辑 部：（010）64523616　64523609
图书营销中心：（010）64523633
经　　　销：全国新华书店
印　　　刷：三河市嘉科万达彩色印刷有限公司

2023 年 1 月第 1 版　　2023 年 1 月第 1 次印刷
710 毫米 ×1000 毫米　开本：1/16　印张：8.5
字数：100 千字

定价：39.80 元

（如发现印装质量问题，我社图书营销中心负责调换）

前 言

　　我们常说，兴趣是最好的老师，当一个人对某件事充满了兴趣，他就会因为好奇而产生浓厚的求知欲望，从而进步、成长。

　　自然万物的生长与变化，孩子们最容易看到、听到、闻到、感受到，也最容易对它们产生好奇心。不过，这些现象背后包含了很多复杂的科学知识，有些知识还比较深奥、抽象。如果没有得到及时解答，孩子们很容易因为心中的疑惑慢慢增多，逐步形成科学知识都很深奥、难懂的误解，认为这些内容自己学不懂、学不会，进而对相关知识的学习产生畏难与抵触的心理。

　　其实，学习科学知识可以非常轻松、有趣，抽象难懂的原理也可以讲得非常具体、简单。为了帮助孩子们建立起学习科学知识的兴趣与信心，我们特意从孩子们的视角出发，编写了这套涵盖了天气、植物、动物、物理、化学五大方面内容的科学书，希望能为他们今后在地理、生物、物理、化学等科目上的学习做一些启蒙，让他们带着更浓厚的兴趣在学海中遨游。

　　本书是其中的《物理好神奇呀》分册。物理在日常生活中无处不在，按照具体的研究领域，大致可以分为力学、光学、声学、电学、热学五个部分。很多事情人们觉得惊奇，其实是因为不了解背后的物理原理。奇妙的海市蜃楼是怎么出现的？为什么只用声音就能震碎玻璃杯？不断吹气或搅拌为什么能让热汤加速变凉？……这些关于物理的小疑问，书中都会给出详细解答。

　　引人入胜的故事、幽默风趣的图片，加上通俗易懂的语言，相信孩子们在轻松愉快的阅读过程中，不知不觉就踏入了科学知识的大门。一旦对科学知识充满兴趣，就不会再觉得学习可怕，甚至在学习上还会变得积极主动。

　　还等什么呢？赶紧打开这本书，让孩子们开始享受奇妙又有趣的科学阅读之旅吧！

目录

无处不在的力

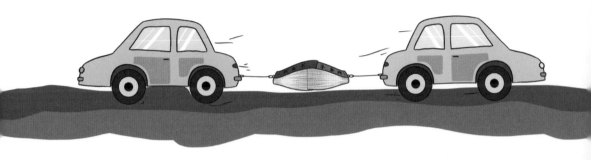

摩擦原理

动与不动，都和它有关

　　有人做了一个实验，把两本厚约300页的书交叉合在一起，每两页之间都夹着另一本书的一页纸，想看看要用多大力气才能将它们拉开。你猜怎么着？两辆汽车都没把它们拉开！

力大无穷的摩擦力

知道大力士吗？就是那种力大无穷、身形巨大的勇士！他们总能做很多神奇的事情，比如下面这个。一天，一艘小船正准备下海远航，它的绳索正被解开，船身向海里滑去。忽然，一艘快艇飞快地向船行驶的方向冲过来，眼看就要撞上了！千钧一发之际，一个身强体壮的人出现了。只见他一下抓住船前的绳索，然后迅速把绳索绕在铁桩上。很快，船不再下滑，那艘快艇也及时改变了航向，一场撞船事故解除了。

大力士是这个身体强壮的人吗？并不是，真正的"大力士"其实是摩擦力！它可是世界上最神奇的力量之一，要是没了摩擦力，我们的世界也许就全乱套了！

摩擦力

摩擦力从哪里来

为什么人能平稳走路？为什么行驶中的车子会停下来？其实，这都是因为有摩擦力。

两个互相接触的物体，当它们要发生或已发生相对运动时，会在接触面上产生一种阻碍相对运动的力，这种力就叫摩擦力。在撞船事故中，正是铁桩和绳索间的摩擦力，最终使轮船停了下来！而早在18世纪，数学家欧拉在研究摩擦力跟绳索绕在柱子上的圈数之间的关系时就认为：摩擦力是个大力士。

那么，摩擦力是怎样产生的呢？用高倍显微镜去观察物体，你看到了什么？高高低低、凹凸不平，像小山丘一样的表面！对，就是这样。物体表面并不光滑，看上去平滑的物体，本质上还是凹凸不平的。当这些凹凸不平的表面相互接触时，凸起和沟壑就会像齿轮一样咬合在一起，相互阻止对方的运动，摩擦力就此产生！

天啊，真粗糙！

地面也是凹凸不平的，所以会产生摩擦！

进一步来讲，若接触在一起的两个物体间发生了滑动，产生的就是滑动摩擦力；如果有滑动的趋势，但相对静止，产生的就是静摩擦力。神奇的摩擦力，对人类的生活可是相当重要的！

假如这个世界没了摩擦力

子弹出膛的速度可以达到每秒八九百米，此时用手抓子弹简直是在找死！但当子弹飞上高空，经过空气摩擦后，速度逐步下降，变得跟飞机的速度差不多。此时，如果旁边恰好有一架飞机以这样的速度飞行，并且与子弹飞行的方向相同，两者就处于相对静止的运动状态。对飞行员来说，子弹仿佛就在身边，当然一抓即中！这就是空手抓子弹的奥秘！

人是无法脱离摩擦力而生存的，没有摩擦力，世界真的会彻底疯掉！不过，摩擦力也不是时时都好，有时，它也会带来麻烦。

想象一下吧，花样滑冰的现场，运动员拼尽全身力气想让冰鞋滑动，可就是前进不了。这样的场景一定很搞笑，这就是摩擦力太大的结果。很多好玩的运动项目，滑雪、滑冰等，若摩擦力太大，估计都无法施展，那样，人类就要失去很多乐趣了。

怎样减小摩擦力

推重物的时候，你是不是希望摩擦力小一些呢？那么，怎样减小摩擦力呢？

1. 减少压力。摩擦力跟物体间的压力关系密切，如果能减少压力，如减少重物的重量，那么摩擦力也会随之减小。

2. 压力不变时，让接触面更光滑。如果压力无法改变，那就让接触面光滑一点儿吧，你可以在接触面上涂抹润滑油或撒些滑石粉。

3. 将滑动摩擦改为滚动摩擦。在重物下面装上轮子，让重物"滚起来"，摩擦力就会小多了，推起来也容易多了。

惯性定律

一切物体都有惯性

3、2、1，发射！呼呼呼——啊——火箭脱落了，我们怎么办？要掉下去了呀！啊，怎么会，竟然冲出了地球！坐在飞船上的你吃惊地张大了嘴巴，明明已经没有了助推力，飞船怎么还能带着你冲出地球呢？其实，这是惯性在起作用。

惯性是个什么东西

请看你面前的桌子，那里有一个装水的杯子。此时，拿一张普通的纸放在杯子下，接下来，见证奇迹的时刻到了。拿出你全部的力气，用最快的速度猛地抽出那张纸，结果……杯子竟一动不动地待在那里，似乎被看不见的"胶水"粘住了！

哇，杯子竟然没动！

别用看疯子似的眼神看我，动动脑想一想，这是为什么！

没错，这就是惯性。物体保持其原来运动状态不变的性质就是惯性。而一切物体在没有受到力的作用时，总保持匀速直线运动状态或静止状态。这就是惯性定律，也叫牛顿第一定律。惯性就像物体内的一双手，在物体被外力改变状态时，它尽力抓住物体，让其保持原来的状态，直到最终败给那个力。

世界上一切物体，包括我们自己，都具有惯性。你可不要小瞧这种性质哦！

小矮人质量小,向前冲的惯性小,容易停下来。

巨人的质量很大,所以向前冲的惯性很大!

跟着物体质量走

一个高大健壮的巨人正追赶一个小矮人。小矮人飞快地跑上高高的山崖,巨人在后面紧追不舍。突然,小矮人一个"急刹车"停在悬崖边,而巨人却停不下来,一下子掉了下去!

你知道巨人为什么会掉下去吗?对,是惯性,惯性让他继续向前无法停止,可小矮人怎么就停下来了呢?

先来看看下面的场景:试着让篮球动起来。好,可以踢飞它。下面让汽车动起来。不,你不能开车,你只能推……推不动!

好了,测试结束,说说感受吧!汽车不动是因为惯性。那篮球怎么动了呢?篮球太小了?可不是大小的问题,而是质量的问题。质量,是物体所含物质的多少。惯性跟质量紧密相关,质量越大惯性越大,质量越小惯性越小。和篮球比,汽车的质量大得多,所以惯性也大,当然不容易动了!而跟巨人相比,惯性小的小矮人更容易停住。

怎么样,现在你是不是觉得,这样的理论,也蛮有意思的呢!

从地球到宇宙，惯性无处不在

"啊——嘭！"可恶，明明想停下来，滑冰鞋却不听使唤，怎么也停不下来，还摔了个狗啃泥。

哈哈，这就是惯性的缘故！不过，你可不能怨惯性，它虽然有时会让你摔跟头，但同时，它也能让你把铅球扔得更远，让纸飞机飞起来……实际上，惯性的作用非常大，从汪汪乱叫的小狗到宇宙飞船，它们都在利用惯性。

下面，请欣赏"甩毛舞"。注意，这只小狗并没有发疯，而是刚从水里出来在抖身体：当小狗向左抖时，身上的水珠会随之向左运动，此时小狗再向右抖，惯性却导致水珠继续向左，于是就落下来了！是不是很眼熟？晒被子时总会用木棒敲打被子，作用也是一样的哦！

我们再想想宇宙飞船，看看它是怎么起飞的："屁股冒烟"的火箭将飞船送上天后就自动脱落，此时，飞船继续保持原来的速度飞行。它是如何做到的？就是利用惯性！在惯性作用下，它顺利地冲出了地球！

9

杠杆原理

花小力气也能干重活

　　深邃的太空中，蓝色的地球正安静地旋转着，在它底下，一根长长的杆子向着远处延伸出去。在远远的杆子那头，一个长着大胡子的人正在摩拳擦掌："看我的吧，我这就把地球给撬起来！"什么？撬地球？这牛皮吹得也太大了吧！

支点

阻力点

什么！一根杆子就能撬动地球

哈哈，你竟敢说大科学家阿基米德在吹牛！科学家可不是乱说话，因为他有秘密武器——杠杆！

你一定熟悉这些东西：打孔用的打孔机、订书机、筷子、钉钉子的榔头、钓鱼的渔竿等。这些都是常见工具，它们的工作原理都跟杠杆有关。在力的作用下，围绕固定点转动的坚硬物体叫杠杆。杠杆的妙处在于，可以让我们用较小的力抬起很重的物体。而要想让杠杆平衡，作用在杠杆上的两个力（动力、阻力）的大小需要跟它们的力臂成反比。这就是杠杆原理。支点，是支撑杠杆的点，力臂是支点到动力作用线或阻力作用线的垂直距离，分为动力臂和阻力臂。

猜一猜，我要把什么撬起来？

动力点

第一个证明杠杆原理的人是阿基米德，他因此表示，只要给他一根长度和刚度都足够大的杠杆和一个坚固的支点，他就能撬动地球。这个理论无懈可击，完全符合杠杆原理。可事实果真如此吗？

科学数据显示，地球的质量约是 60 万亿亿吨。如果阿基米德真找到了稳固的支点和足够长的杠杆，那么，要撬动地球，哪怕只撬动 1 厘米，他都至少需要 2.28 万亿亿年！

与日常生活紧密相关的三类杠杆

虽然阿基米德无法撬动地球，但他发现的杠杆原理确实对人类非常有用。下面，来认识三种杠杆类型吧。

支点在动力点和阻力点之间的杠杆，是第一类杠杆。由于动力点和阻力点在支点的两侧，因此这类杠杆可以调节两个力并使它们保持平衡，典型例子是天平、跷跷板。

阻力点在动力点和支点之间的是第二类杠杆。很明显，这类杠杆的动力臂长于阻力臂，因此，用较小的力就可以撬动较大的物体，属于省力杠杆。你能空手弄开核桃吗？肯定做不到吧，但核桃夹子就能！核桃夹子属于第二类杠杆，此外，还有门、跳水板等。

最后一类，动力点在支点和阻力点之间，被称为第三类杠杆。跟上面第二类杠杆相反，这类杠杆的动力臂比阻力臂短，因此是费力杠杆，但能节省距离。像镊子、钳子、筷子等，就属于这类杠杆。虽说它们用起来费点儿力，却能帮人们完成很多精细工作，如病人的手术。

很枯燥是不是？如果你能亲身实践，那就好玩多了！

奇妙的人体杠杆

人体内也有杠杆？不会吧？当然，这是真的！点一下头或抬一下头是靠杠杆作用；曲肘把重物举起来时，手臂是一个杠杆；踮起脚尖时，脚尖是支点，也是杠杆在起作用；如果你弯一下腰，腰部肌肉和脊骨之间也会形成一个杠杆。

跷跷板的秘密

来，你坐那头，我坐这头，哎呀，你太重了，我下不去了！哈，跷跷板真好玩！现在，要把跷跷板压下去，该怎么办？嘿嘿，用杠杆原理吧！你的重量大，就只能缩短你那边的力臂了，试着往中心位置靠一靠。怎么样？成功了吧！

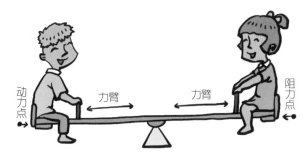

这就是第一类杠杆，支点在动力点和阻力点之间！

这个老人家是谁？他可是战国时期有名的思想家墨子，正在利用杠杆原理打水呢！我们的老祖宗可真是聪明，不信你翻翻古书，在墨子所著《墨经》中，提到了那时的人就知道杠杆原理，并研制出了辘轳、滑车等机械，大大提升了古人的生活水平。同样，西方人也不示弱，古希腊学者希罗在其著作《力学》中，也介绍了杠杆。

当然，除了辘轳、跷跷板，生活中很多东西都运用了杠杆原理。你能说出你身边运用杠杆原理的东西吗？

辘轳也是杠杆哦！

浮力定律

泡澡时发现的力学定律

"啊哈，我找到了！"伴随着一声惊天动地的大叫，让人目瞪口呆的一幕出现了：一个一丝不挂的男人一边疯狂大叫，一边朝国王的宫殿跑去，全然不顾自己赤裸的身体！这是怎么回事？

鉴别金皇冠——来自国王的委托

在2000多年前西西里岛的叙拉古，有个非常聪明的科学家——阿基米德。一天，国王向阿基米德求助，因为他觉得，金匠刚刚为他打造的纯金皇冠掺了假，金匠私吞了黄金。可国王一点儿证据都没有，总不能把皇冠砸开看吧？可对这个问题，阿基米德一时也想不出办法。

不久后的一天，当阿基米德坐进注满水的澡盆洗澡时，澡盆里的水溢了出来，他试着让身体浸入更多，水就溢出得越多。太神奇了！他一下子想到了办法，欣喜若狂地跳出澡盆，连衣服都来不及穿就冲上大街。

当然，他后来一定穿上了衣服，在国王面前做了个实验：他找来一块跟皇冠一样重的金子，将金子和皇冠分别放入装满水的水盆中，这样，水都会溢出来。他小心地把溢出来的水收集起来，然后逐一称量，结果发现：皇冠排出的水量多于金子排出的水量。案件告破！阿基米德告诉国王：皇冠确实掺了假，金匠果然私吞了黄金。

掺假的王冠 同等质量的金块

破解物体的漂浮之谜

阿基米德是怎样破案的？别着急，谜底马上揭晓。

让我们再回到那个浴室。很明显，一发现澡盆里的水溢出来，阿基米德就想到了检验皇冠是否掺假的办法：如果把皇冠完全放进装满水的容器中，那么其中的水也会溢出来，且溢出水的体积等于皇冠的体积。由此推理，纯金皇冠和等质量的金块分别放入水中，溢出的水就应该是等量的，若不等量，则说明皇冠不纯。

侦破这个案件后，阿基米德又证明了一条定律：浸在液体里的物体受到液体向上的浮力，浮力大小等于物体排开的液体的重力。这就是浮力定律，也叫阿基米德定律。

物体为什么会浮在水上？因为存在浮力。浸在液体或气体中的物体会受到液体或气体向上托的力，这个力就叫浮力，方向向上。已

知，任何物体都受到竖直向下的重力影响，而浸入液体或气体中的物体，除受重力外，还受浮力影响，这样，两个力就会相互"打架"。当物体所受的浮力大于重力时，物体就会上浮；浮力小于重力时，物体就会下沉；浮力和重力一样时，物体就会悬浮在液体中或漂在液体表面。现在，你该明白为什么羽毛、竹排、轮船都会浮在水面上了吧！

为什么石头会沉入水底，大铁船却不会

接下来，该做练习题了！

哇，来了一头大野猪！下面，请称出这头野猪的重量。先告诉你，之前很多人称量它时，都折断了秤杆，现在，看你的了！

用浮力？没错，你学得真快！把野猪赶上船，在船上标上记号，然后往船上装石头，等达到标记的位置后称量所有石头的重量，结果就是野猪的重量。——答案完全正确。

那么，你知道铁船的秘密吗？要知道，铁比水沉，一块小石头掉进水里都会沉下去，何况是一艘大铁船。其实，这跟船的内部结构有关。轮船内部都是空的，也就是说，将铁块变成铁船体积增大了很多倍，船排开的水的重量等于船本身的重量，因此，船所受的浮力等于重力，它就漂起来了。

万有引力

让宇宙有序运行的神秘力量

漆黑的太空里，忽然，一道刺眼的亮光闪过，一颗蓝色的星球脱离了轨道，像断线的风筝一样朝着宇宙深处飞奔而去！啊，那不是地球吗？地球竟然"脱轨"了！

万有引力是种什么力

头朝下生活？怎么可能，这太疯狂了！哈哈，这可一点儿都不疯狂，要知道，地球是圆形的，当你头朝上时，地球另一边的人不就是在头朝下吗？只不过，为什么他们没掉下去呢？

这就是万有引力的作用！万有引力定律表明：自然界中任何两个物体间都是相互吸引的，吸引力的大小跟这两个物体的质量乘积成正比，跟它们距离的二次方成反比。也就是说，自然界中任意两个物体间都存在吸引力，这个吸引力就是万有引力。

太阳和地球之间的引力作用，使地球绕太阳旋转。

由于受到向着地心的引力影响，苹果总是落向地面。

你跟我之间有没有引力？当然有，只是，我们的质量太小了，产生的引力根本感觉不到。地球和地球上的任何一样物体间都有吸引，但是与地球相比，这些东西都太小了，所以只能被地球吸引，固定在地表。于是，成熟的果子总落向地面，而"疯狂人类"头朝下生活！

突然间，地球失去控制，朝宇宙深处飞去；各种星球横冲直撞，乱成一锅粥——宇宙发疯了！不不不，别怕，若没有万有引力，太空或许会变成这样，但强大的引力一直保持着一切事物的有序运转。宇宙"发疯"的事儿，是不会出现的。

不翼而飞的 50 吨鱼

利比里亚商人卡特的遭遇真让人发疯！

据说，他千里迢迢到挪威买了 2 万吨鱼，希望运回利比里亚卖个好价钱。可当鱼被运回利比里亚后，却少了 50 吨。这是怎么回事？鱼贩缺斤少两了？或者水分蒸发？

最终，真相让所有人大吃一惊：鱼是被"偷走"的，而"偷"鱼的竟是地球重力！

什么是地球重力？任意两个物体间都存在引力，而重力就是由于物体受到地球的引力而产生的竖直向下的力，是万有引力的一个分力，生活中物体所受重力的大小就是物体的重量。重力用 G 表示，计算公式为 $G=mg$，m 是物体质量，g 是重力加速度。

那么，鱼究竟是怎样被"偷走"的呢？要知道，重力加速度并不固定。在地球上，重力加速度随纬度升高而增大，纬度越高重力加速度越大。因此，在南极企鹅和北极熊的故乡——南北两极，重力加速度最大；在赤道，重力加速度最小。这样一来，事情就清楚了：挪威靠近北极，纬度高，重力加速度大；利比里亚靠近赤道，纬度低，重力加速度小。因此，在这两个地方称出的鱼的重量当然不同了。平时人们称重用的弹簧测力计称的是物体的重量，而不是质量。质量不会像重量一样随纬度变化而改变。所以，如果卡特用天平称鱼的话，那么他的鱼就不会"损失"了。

在重力的作用下，

小男孩往下跌落！

突如其来的"失重感"

你知道，高空跳伞是什么感觉吗？

——身体一下轻了，仿佛向一个无底深渊跌下去！没错，电梯刚向下启动时也是这样，这也就是失重的感觉。简单讲，物体对支持物的压力或对悬挂物的拉力小于自身重力的现象叫失重。如果忽然撤掉你脚下的地板，你的身体一下子失去支撑，重力会促使你向下跌落，失重感就此产生。而乘电梯时，在电梯向下开动的一瞬间，你脚

底的地板已经落了下去，而你却还未产生同样的速度，身体失去支撑的一瞬间也会形成失重。

　　失重还会产生许多有趣现象，例如：所有物体都会飘起来，你的书包、地上的虫子；失手掉了杯子——杯子会飘在空中；当然，也有坏事，你需要使劲儿挤瓶子才能喝到可乐……

　　想尝试更疯狂的"飞檐走壁"吗？到月球上去吧！月球的引力只有地球的六分之一，因此，人在月球上的失重感非常强烈，只要轻轻一跳，就能跳得很高，像飞起来一样！

自由落体

被重力主宰的
下落运动

　　呼呼呼——呼啸的风声响在耳畔，你看着面前的万里高空，吓得面无血色！"1、2、3，预备，跳！"有人猛地推了你一把！"啊——我要摔死了，心脏要跳出来了，救命啊！"谁说高空跳伞很好玩的！

著名的比萨斜塔实验

伽利略，意大利著名的物理学家和天文学家，据说他曾做过一个模拟实验。

某天，一座高高的石塔——比萨斜塔下聚满了人，塔上站着伽利略。只见他平举双手，在同一高度释放了两个重量不一的铁球。不一会儿，围观的人们惊讶地呼喊起来。原来两个铁球同时落地了。信奉了多年的亚里士多德的理论错了！伽利略战胜了亚里士多德！

说了半天，你知道这种高空下落运动叫什么吗？这就是自由落体运动。不受任何阻力，只在重力作用下、初速度为0的运动，就叫作自由落体运动。高空跳伞、蹦极、成熟后下落的苹果，都可以近似认为是做自由落体运动。而伽利略的自由落体实验，也揭示了自由落体定律，即物体下落的加速度与物体的重量无关。

重量不一的两个铁球，到底哪一个先落地呢。

比萨斜塔

什么是加速度？速度变化量与发生这一变化所用的时间的比值就是加速度。加速度是表示速度变化快慢的物理量。对自由落体运动而言，由于只受重力影响，它的加速度又叫作重力加速度，用 g 表示。

你一定很奇怪：为何人们都认为石头比羽毛先落地？那是因为，生活中，实际情况确实是这样的。可是，这不是又矛盾了吗？

在月球上，羽毛和铁锤同时落地了

伽利略的斜塔实验，是理想状态下的模拟实验，而实际情况并非如此。

实际上，大铁球会比小铁球先落地。这是怎么回事呢？问题的关键就在于，在地球上，自由下落的物体，除了受重力影响外，还会受空气阻力影响。通常，重量越小的物体，受到阻力

真空状态的月球

26

的影响越大，阻止它下落的力也就越大，因此，掉落速度更慢，也就更晚落地。

　　什么？消除阻力？那是不可能的。不过，有个地方可以满足你的愿望——月球。月球上没有空气，是一个真空状态，当然，也就没有阻力。1971 年，阿波罗 15 号飞船登上月球，万众瞩目之下，宇航员把一根羽毛和一把铁锤同时从同一高度扔下来，结果——同时落地！这是真正的自由落体同时落地实验。

　　现在，你明白自由落体的奥秘了吧！

力学小实验

飞天"小火箭"

　　"3、2、1，发射！"一时间，小火箭飞上了天，跟国家发射大火箭一样精彩。哈哈，看着属于自己的小火箭飞上天，感觉真好！你想成为手工小达人，制作属于自己的飞天火箭吗？赶快来吧，我们现在就开始！

　　实验之前，我得告诉你，最好找一个空旷的地方来试飞火箭，要是在屋子里做，小心房顶不保！与此同时，你需要先准备一个矿泉水瓶子、一个酒瓶木塞、自行车的打气筒、气针和长钉子。

　　下面，让我们一起来感受"力"的魅力！

　　1. 用长钉子穿透酒瓶木塞，然后再拔出来。

　　2. 把气针照着钉子拔出后留下的洞，插进酒瓶木塞中。

小火箭！

3. 在矿泉水瓶中加入大约 1/5 的水，然后把插有气针的木塞堵在瓶口处。

4. 接下来，把气针的另一端和自行车的打气筒连接起来。

5. 把矿泉水瓶倒着放置在一个适当的发射平台上，保证它不会倒下。

6. 用自行车打气筒向矿泉水瓶中打气，然后，静静地期待火箭升空的激动时刻吧！

火箭升空了吗？是不是很刺激！其实，这个实验的原理很简单。用自行车打气筒向瓶子内打气，瓶子内的压力就会越来越大，从而冲开瓶塞。由于空气会自动从压力大的地方跑向压力小的地方，因此，空气会大量向瓶口涌去。而这时，水在前面挡着，因此水就会被空气推出瓶子。在这个过程中，空气给了水一个推力，水也给了空气一个推力，于是，在这个推力下，瓶子就被"踢飞"了，小火箭也就飞上了天。

这个实验有一定的危险，请在爸爸妈妈的陪护下进行！

飞奔的光线

光速

世上最快的速度

"丁零零——"啊！已经8点了，上课迟到了！飞快地穿衣、洗漱，然后拎包飞奔出门……这时候，你最希望什么事情发生？对，时间倒流，让你回到7点，可以悠闲地起床穿衣出门……时间能倒流吗？你一定想知道这个！那么，一起来了解光速吧！

"穿越时空"的事情真能发生吗

现代少女洛晴川伸手去抓一幅画，脚下一空跌入了清朝康熙年间；项少龙则坐上一台神奇的机器，一声轰鸣后来到了秦始皇时代……这都是人们幻想出来的穿越场景。在一些文学作品或影视作品中，主人公穿越到古代，凭借自己对历史的了解在那里大展身手，这种感觉真是无比畅快！只不过，真的有穿越吗？

其实，穿越的科学说法是时间旅行，这个概念在很多科幻小说和科学家口中频繁出现。英国科幻作家威尔斯的《时间机器》就描写了一个人通过时光机器进行时间旅行的故事。人们真的能够进行时间旅行吗？

从理论上来讲，时间旅行是存在的。这个理论，来自爱因斯坦的相对论。相对论原理显示：当物体的运动速度接近光速时，时间就变得缓慢；等于光速时，时间就静止；超过光速时，时间就会倒流！其中，最关键的一点就是——光速！

每秒跑30万公里

光速，也就是光在介质中的传播速度。打雷下雨时，总是先看到闪电再听到雷声，这就是因为，光的传播速度比声音的传播速度快。那么，光究竟有多快呢？

你来猜猜吧！1000米/秒？10000米/秒？恐怕你很难猜到，因为它远远超过了你的想象：光在空气中的传播速度大约是3.0×10^8米/秒，而在水中的传播速度约为2.25×10^8米/秒。世界百米赛跑冠军的成绩是9秒多，这样算来，人一秒钟最快能跑11米多。而光一秒钟能跑300000000米，相当于绕地球7圈半，是不是很惊人！

没人能追得上光，因为，光速是目前已知的最快速度！最开始的时候，人们认为光速是无限大的。后来，这种说法引起了伽利略的怀疑，他专门在地面上做实验，想要证明光速是有限的。尽管他的实验失败了，但他开创了测量光速的先河。再后来，丹麦天文学家罗默利用太空中的木星测出了光速，也证明了光是以有限速度传播的。此后，随着科技不断发展，科学家们继续通过新的实验方法

对光速进行测量，得到了越来越准确的数据。

　　那么，光速跟时间又有什么关系呢？其实，你之所以能感受到世间万物，是因为它们发出的信息可以以一定的速度传递给你。但这些速度，都没有光速快。如果你能做超光速运动，那么，万物发出的信息就会被你追赶上，也就是说，你能看到它们的过去。这样，你就回到了过去，时光就倒流了！

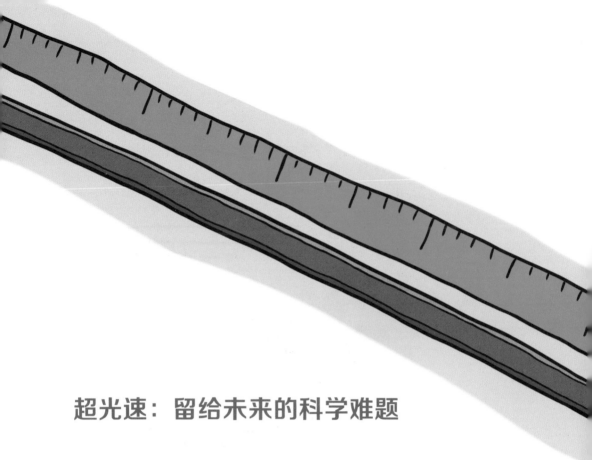

超光速：留给未来的科学难题

这下你明白了吧，理论上，时间是会"迟到"的，其实现则依赖于超光速飞行。

试想一下，如果人类研制出了超光速飞船，那穿越宇宙就不是梦了！到那时，人们可以坐上超光速飞船，飞出太阳系、银河系，到天狼星、织女星去旅行，到更远的星球去接触外星生命，到深深的宇宙中去发现其他的平行宇宙……

当然，这些都只是想象。科学家曾经根据爱因斯坦的相对论原理，通过高速火箭发射原子钟进行实验，证实了时间确实会"迟到"，因为原子钟落回地球的时间比地面上的钟慢了一点儿。可即便如此，到目前为止，人类依然没有找到造出超光速飞船的办法。

汽车跑得快，是因为有油，飞船要飞得快，也得有足够的能量。对超光速飞船来说，能量是个大问题。科学家曾计算，如果一艘飞船以半光速飞行，那么它需要承载相当于它自身重量80倍的氢。这怎么能做到呢？为此，这位科学家设想在飞船上安装一个氢收集装置，让飞船一边飞行一边收集燃料，从而减轻载重。但是，据计算，这样一个装置的长度将超过 40 千米。天啊！这怎么可能实现呢！

你看，没有合适的燃料和发动机，想建成超光速飞船是很困难的，要实现时间旅行更是难上加难。不过，也不用太沮丧，人类是很聪明的，"此路不通"则另辟蹊径：虫洞理论的提出为时间旅行提供了可能。20 世纪 30 年代，爱因斯坦及纳森·罗森假设了虫洞的存在，他们认为有一种连接宇宙遥远区域间的时空细管，通过这个细管，可以做瞬时间的空间转移。如果虫洞真的存在，那么我们不用搭乘超光速飞船，也可以去遥远的星球度假了！

40 千米

安装着 40 千米长的氢收集器的飞船

正常的飞船

光的传播

一路向前
不拐弯

有人在跟踪你！不信？扭头看看吧！在明亮的路灯下，一个黑乎乎的影子正站在你身后，做着跟你一模一样的动作，甚至连发型和穿着都跟你一样呢！哈哈，这不是你的影子吗？很有趣也很神奇，是不是？那么，你知道影子是怎么来的吗？

什么人在跟踪我？

影戏：光与影的"变戏法"

　　头戴金冠，身穿龙袍？这不是皇帝吗？对，这是鼎鼎大名的汉武帝。可他怎么愁眉不展的？当然是因为思念李夫人。李夫人国色天香却过早地香消玉殒，汉武帝为此相思成疾了。

　　此时，一个方士告诉汉武帝，他能让李夫人"死而复生"。死而复生？这太疯狂了！可为了见到李夫人，汉武帝接受了方士的建议，并准备了一个木雕李夫人像。

　　隔天，汉武帝早早地正襟危坐在帷帐内，等着见李夫人。帷帐外灯火通明，方士手执宝剑口中念念有词。很快，奇迹出现了，李夫人出现在帷帐上，栩栩如生。汉武帝激动万分，正想冲上前拥抱，却不想几秒后，李夫人就缓缓退去了。汉武帝一下子颓坐在地上，怅然若失。

　　请你想一想，李夫人是真的死而复生了吗？当然不是，现代专家分析指出，这只不过是一个传统的影戏表演。帷帐外的光照在李夫人的雕像上时，把影子打在帷帐上，就形成了李夫人的身影。在这里，起关键作用的，正是神秘莫测的光！

光线将人像的影子映在帷幕上，于是在另一边的人看来，仿佛帷幕上出现了一个真人！

此路不通了！

光

多彩的光：有的能看见，有的看不见

光是什么？太阳、蜡烛、灯……这些事物都会发光，都属于光源。可光到底是什么呢？

光其实是由一种名叫"光子"的基本粒子组成，具有粒子性与波动性，能像声音一样振动，具有一定的频率。当组成光的"光子"沿直线做着极小的波动时，光线就产生了。

简单地说，能被人眼看到的光就是可见光，而不能被人眼看到的就是不可见光。阳光、灯光、烛光中都含有可见光，有了可见光，你才能看到五彩缤纷的世界，而不可见光，如红外线和紫外线，虽然看不到，却无形中影响着人们的生活。红外线让遥控器可以从房间另一头发号施令打开电视，而紫外线会出现在医院里，承担起杀菌消毒的重任。虽然我们看不见它们，但它们却时刻守护在人类身边呢！

波动的光子

"小孔成像"是怎么回事

2000多年前的一天，思想家墨子发现了光斑现象，灵光一闪，马上回家做了一个实验。这就是世界上最早的光沿直线传播实验——小孔成像实验。他在一间黑暗小屋朝阳的墙上开了一个小孔，让人对着这个小孔站在屋外，此时，屋里相对应的墙上就会出现一个倒立的人影。由此，墨子得出结论：光穿过小孔时是沿直线进行的。由于人的头部遮住了上面的光，形成的影子就在下面，而足部遮住了下面，影子就在上面，因此形成了倒立的影子。

这就是影子的来源！光从光源发出来，沿直线前进，忽然，前面有人挡住了路，光照不过去了。于是，在不透光的人后面没有光照的地方就形成了影子。而影戏，是利用剪纸或雕刻的人、物在白幕后表演，并用光照射，人、物的影像就会映在白幕上了。

真相大白了吧！所谓的死而复生，只不过是物理现象而已。只有学好了物理，才不会像汉武帝一样被人糊弄哦！

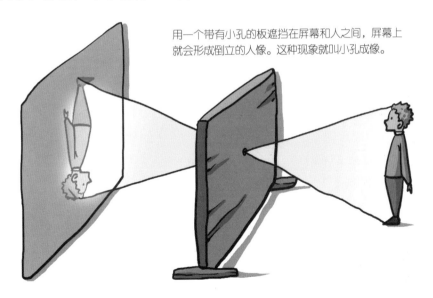

用一个带有小孔的板遮挡在屏幕和人之间，屏幕上就会形成倒立的人像。这种现象就叫小孔成像。

光的反射

照出世界的
"魔法"

大门紧闭的城墙上，一群人站成一排，每个人手中都拿着一面镜子，阳光正火辣辣地照在镜面上。而城外的海面上，一大片黑压压的影子正在逼近，那是侵略者的舰队，他们嚣张地大声叫嚷着，狂妄至极。可下一秒，整个舰队都燃烧起来……

神话故事里也有
光学的秘密

美杜莎本是个美丽女子，后受到
诅咒变成一个头上长满蛇头的女妖！人
们不能直视她的眼睛，否则会变成一块石
头。那么，珀尔修斯是怎么杀死她的呢？

一面盾牌、一个隐身魔法帽、一把宝刀就是珀尔
修斯的装备。珀尔修斯戴上魔法帽，让女妖看不到他，然后拿着擦亮
的盾牌确认女妖的位置，一接近女妖，马上挥刀
砍下她的头颅。

另一个神话故事也很神奇！那耳喀
索斯是个美男子，几乎所有的女子只
要看他一眼都会爱上他。一天，他到
泉边喝水，忽然发现水中有个年轻人
正在看自己。啊！这个年轻人太帅了，
那耳喀索斯对他一见钟情！他目不转
睛地盯着那个影子，直到精疲力竭而
死。你一定很惊讶，怎么会有人被自己
的倒影迷死？

哈哈，神话毕竟是神话。只是，这两
个故事，都跟光的反射有关哦！你知道反射
是什么吗？

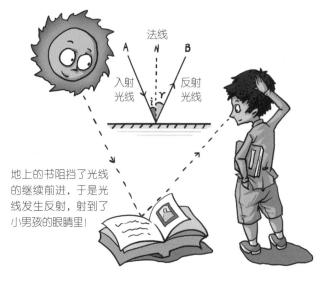

法线

A 　 N 　 B

入射光线 　 反射光线

i 　 r

地上的书阻挡了光线的继续前进，于是光线发生反射，射到了小男孩的眼睛里！

因为反射，人类看见了大千世界

我们知道，影子是由沿直线传播的光被物体挡住而形成的，那么，光被挡住后会到哪里呢？当然是改变方向，折返回空气了。这种现象，就是光的反射。我们之所以能看到东西，就是因为照射在物体上的光被反射回了眼睛。当然，人类可以看到事物，都是反射的功劳，若没有反射，人类就看不到大千世界了！

很神奇是不是？不过，物体表面的光滑程度会影响反射的效果。通常，表面光滑的物体，反射回的光大部分都在同一方向上，更容易形成影像。而表面粗糙的物体，反射回的光非常散乱。你每天照的镜子那么光滑，因为那样可以更好地反射出你自己的样子。如果你的镜子坑坑洼洼，那么，你看到的自己，估计也是坑坑洼洼的了。

不会左右颠倒影像的镜子

不会左右颠倒影像！真有这样的镜子吗？当然，日本发明家北村健尔就发明出了这样的正映镜。先把两面镜子拼成直角粘在一起，然后用准备好的玻璃贴上，让它们形成一个三角柱。接着，往三角柱里灌满水就行了。由于形成直角的两面镜子会先后让影像反过来，因此，最后从正映镜里映出的影像就是正的了！赶快动手做一个正映镜试试吧！

凸面镜与凹面镜：反射光的发散与聚拢

现在你知道，珀尔修斯是怎样杀死美杜莎的了吧！他正是利用光的反射，把盾牌当成镜子来观察美杜莎的位置，然后靠近并杀死了她。而那耳喀索斯，则完全不懂反射，竟被水面上自己的倒影给糊弄了！

当然，除了珀尔修斯，阿基米德也是利用反射的高手。开篇提到的那个场面，就是他利用反射原理摧毁罗马舰队的情景。

当时，浩浩荡荡的罗马舰队一边狂叫一边驶向毫无反抗力的叙拉古，眼看一场屠杀就要开始。此时，阿基米德镇定地指挥着"镜子军团"，等罗马人的舰队一靠近海岸，他就下令把所有反光镜的光束集中射到舰船的甲板上。很快，在反光镜反射光线形成的焦点位置上，甲板冒出了青烟，随后就起火燃烧，并迅速烧着了整个舰队。阿基米德胜利了！神奇的反光镜，就这样帮阿基米德战胜了不可一世的罗马军团。

平面镜

凸面镜

很厉害是不是？其实现代人也很厉害。注意过小汽车吗？它右侧的镜子是一个凸面镜，凸面会在反射时让光发散出去，照射范围更广。而与此相反的凹面镜则可以集中光线，从而点燃物品。采集奥运圣火时，正是由于凹面镜对光的集中，故而圣火一靠近凹面镜就被点燃了！

光的折射

直行的光也会"拐弯"

　　你注意过筷子被"折断"的现象吗？深入水中的筷子，看起来好像折断了，但拿出来后却毫发无损。这是怎么回事呢？另外，去过海边的人，有时会看到海市蜃楼，这又是怎么来的呢？其实，这些都是光的折射造成的。下面，我们就来好好了解下折射！

夏天海面上层空气密度小，折射率小

夏天海面下层空气密度大，折射率大

"飘"起来的硬币与叉不中的鱼

"用鱼叉叉鱼？这太难了吧！"别嚷，这只是一个实验，看你能否叉中！怎么样？没中吧！明明对着鱼的位置叉下去却没叉到，这是怎么回事？

哈哈，看来叉鱼没那么简单！还是向古人学习吧：看到鱼之后，迅速把叉对准鱼下面一些叉下去，一击即中！真神奇！可为何要往下一些呢？这，就是折射的奥秘。

"折射"？光不是不走弯路吗，怎么还会"折"呢？其实，在同一种密度均匀的介质中，光是沿直线传播的，而一旦光从一种介质斜射入另一种介质或在不均匀介质中传播时，方向就会发生偏折。这种现象叫作光的折射。

鱼为什么不在你看到的位置？因为光从空气进入水中时发生了折射，你看到的那个"鱼"只是折射后的影像，真正的鱼在靠下一些的位置。你还可以拿枚硬币放进盆里，然后往盆里注水，这时硬币仿佛漂了起来。这也是折射导致的，因为水的高度发生变化，看到的硬币的位置就发生了变化。注意，水必须是清澈的，因为折射只能发生在透明物体中，若不透明，那发生的就不是折射，而是反射了！

虚像

实物

由于光线的折射作用，鱼并不在你看到的直线位置上。

从"三个太阳"到"海市蜃楼"

　　昏黄的天边，太阳就要落山了。忽然，一道醒目又诡异的绿光出现在落日上方，仅一下就消失了，仿佛一个神秘物体飞过！是什么？难道是外星人的飞船？

　　2003 年的一天，新疆塔城地区出现了一件疯狂事儿：空中的太阳两边，竟出现了两个像太阳一样的光晕，仿佛多出了两个太阳。三个太阳？难道回到了后羿射日时期？

　　见过海市蜃楼吗？广阔的海面上，忽然出现一片高楼大厦，煞是壮观。这样的景象，又是怎么形成的呢？

　　实际上，这些神秘莫测的现象都是光的折射造成的。天边的绿光是由于大气折射太阳光造成的。"三个太阳"被气象学家称为"假日现象"，是由于连续降雪导致空中形成了足够大的水晶，水晶经过光的折射后会在太阳周围形成一些光点，其中最亮的光点看起来就像太阳。而海市蜃楼，则是由于夏天的海面下层空气温度比上层低，密度比上层大，因此折射率也大。这样，海面上的空气就像是由

假日

假日

水晶折射光

空中水晶

折射率不同的许多水平空气层组成的。当远处的高楼大厦发出的光射向空中，就会被不断地反射，并传播得很远，一直到达人们的眼中。

望远镜：折射带来的"千里眼"

　　17世纪荷兰一个小镇的眼镜店里，老板不经意间将凸透镜和凹透镜放在了一条直线上。透过这样的透镜看去，他发现远处的教堂忽然离自己近了许多。怎么回事？难道教堂长脚跑过来了？！之后他又试了几次，每次结果都一样，教堂确实近了好多。

　　据此，店主造出了一个"窥视镜"。这就是最初的望远镜。后来，伽利略对此进行改进，造出了放大倍率高得多的"伽利略望远镜"。望远镜就是利用光的折射原理造出来的。远处的光线被凸透镜折射进入镜筒内的小孔后会聚集成像，之后再经过一个放大目镜而被看到。望远镜不但能放大远处的物体，使人眼能看清物体的细节，还能收集更多的光束送入人眼，使人看到远距离的事物。

　　望远镜就像千里眼，第一个用这"千里眼"观察天体的人是伽利略。他正是借助望远镜的力量，大大推动了天文学的发展。

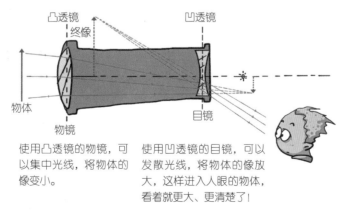

凸透镜　　　　　　　凹透镜
终像

物体
物镜　　　　　　　目镜

使用凸透镜的物镜，可以集中光线，将物体的像变小。

使用凹透镜的目镜，可以发散光线，将物体的像放大，这样进入人眼的物体，看着就更大、更清楚了！

望远镜原理图

你想不想有一天，可以像哈利·波特一样，面对九又四分之三站台轻松地穿墙而过？你的愿望可以实现了！现在科学家已经研究出了一种神奇的器件，可以让你"穿墙而过"。当然，这是依据科学原理制作出来的，而这个原理就是——光的散射！

光的散射

世界因此
而亮堂

蓝天与红太阳，都是散射在"搞怪"

为什么空气是无色的而天空是蓝色的，为什么正午时太阳是白晃晃的而傍晚时我们可以看到红色的夕阳，海水是透明的海洋却是蓝色的……是人的眼睛出了问题，还是有人在搞恶作剧？

都不是！这些现象的"罪魁祸首"都是光的散射。当光在一种介质中传播时，由于介质内部物质的不均匀或其中存在其他物质的微粒，光不再直着走而偏离原本的传播方向，这就是光的散射。地球上的空气，其内部气体的分布是不均匀的。当光线射进各种气体分子分布不均匀的空气中时，一部分光就无法直接前进，只能向四面散开。于是，白天时我们看到到处都是明亮的。

明白了散射，再来看看上面的问题吧！大气对不同颜色的光的散射作用是不同的，波长短的光受到的散射最厉害。因此，阳光中波长较短的蓝光就被散射得多一些，从地面看去，天空就呈现蓝色。到了傍晚，太阳光穿过大气层的厚度比正午时要厚得多，传播距离也长，因此，波长短的蓝光就被散射掉，而波长长的红光就多起来，因此夕阳看起来就成了红色。

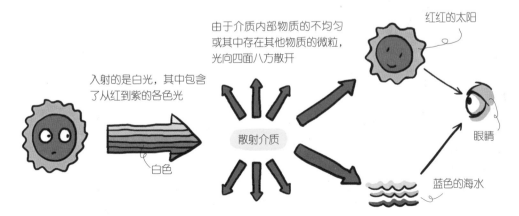

由于介质内部物质的不均匀或其中存在其他物质的微粒，光向四面八方散开

入射的是白光，其中包含了从红到紫的各色光

白色

散射介质

红红的太阳

眼睛

蓝色的海水

水是透明的，为什么海洋却是蓝色的

20世纪初的一天，一艘轮船正航行在广阔的海面上。甲板上，一个小男孩问他的妈妈："大海为什么是蓝色的？""这——"母亲无言以对，只好求助于船上的一位印度科学家——拉曼。拉曼告诉男孩："因为海水反射了天空的颜色。"这是当时所有人都同意的说法，由英国物理学家瑞利勋爵提出。但拉曼是个爱思考的人，他总觉得这个答案不那么准确。

回国后，拉曼又认真思考了这个问题，并开始深入研究。很快他就发现，瑞利的观点是错的！海水并不是反射了天空的颜色，而是水分子对光线的散射使海水呈现出蓝色，这跟大气分子散射阳光而呈现蓝色的道理是一样的。后来，拉曼再接再厉，相继在固体、液体、气体中都发现了光的散射现象。于是，拉曼获得了诺贝尔物理学奖，他的散射发现也被称为拉曼效应。

海水为什么是蓝色的呢？

蓝光被散射进入眼睛

散射出的光线

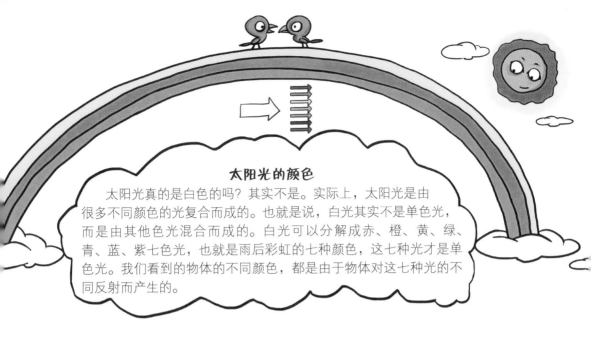

太阳光的颜色

　　太阳光真的是白色的吗？其实不是。实际上，太阳光是由很多不同颜色的光复合而成的。也就是说，白光其实不是单色光，而是由其他色光混合而成的。白光可以分解成赤、橙、黄、绿、青、蓝、紫七色光，也就是雨后彩虹的七种颜色，这七种光才是单色光。我们看到的物体的不同颜色，都是由于物体对这七种光的不同反射而产生的。

海底"鬼火"：散射蓝绿光的海蜗牛

　　某天，一位海底捕食者被眼前的"鬼火"吓坏了，一团蓝绿色的光竟在它眼前漂来漂去！太可怕了，难道海底也有鬼？当然不是，那其实是一种海蜗牛。这种海蜗牛的外壳会发出荧光，吓唬捕食者。可它为什么会发光呢？

　　科学家孜孜不倦，终于探明真相：这种海蜗牛之所以能发光，是因为它的外壳能散射光线，而且它"很挑剔"，只散射蓝绿色的光。它的外壳是一种极其有效的"光线发散器"，其效果甚至比许多人造发光器还要好。

　　光的散射还在一种被称为"超散射体"的超构材料器件上得到了应用。这种材料能在视觉上放大物体，如果将其裹在一个直径 10 厘米的小球上，那么小球的直径看起来就膨胀到了 2 ~ 3 米。如果将超散射体置于打开的大门中间，超散射体在视觉效果上成倍地放大，看上去门就和周围的墙融为一体了。这时，你就可以像哈利·波特一样"穿墙而过"了！不过，穿过去后能不能到达魔法世界，就很难说喽！

光学小实验

不断变化的万花筒

透过圆筒一端的小孔往里看，色彩缤纷，转一下就出现不一样的图案！哈哈，你一定在玩万花筒。在一个小小的圆筒中就可以看到千变万化的图案，真让人惊奇！你想知道，万花筒是怎么制作的吗？现在，我们就来做个家庭版万花筒吧！

来跟我一起制作万花筒吧，看好步骤哦！

你需要先准备这些东西：三片长条形镜子（长15厘米、宽3厘米）、一个透明的玻璃球（没有也行）、彩色的包装纸、透明的塑料薄膜、硬纸片、彩色装饰亮片、胶带、剪刀、彩笔。

接下来，开始制作喽！

1. 令三片镜子镜面朝里、长边相贴，形成一个空心的三棱柱，用胶带缠紧。注意不要划伤手。

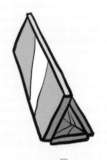

①

2. 把透明的玻璃球卡在空心三棱柱的一端，用胶带固定住。如果你找不到玻璃球，就用透明的塑料薄膜封住三棱柱一端。

②

3. 剪一张长方形的硬纸片，使它略长于空心三棱柱。将这张硬纸片围在三棱柱外面，形成一个圆柱体，

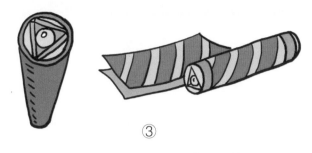

③

用胶带固定好。接着用彩色包装纸或彩笔对外面这张硬纸片进行装饰。

4. 比照上一步中圆柱体的大小，剪出一张圆形硬纸片，纸片中间挖一个小孔，并贴上透明的塑料薄膜，以便后面进行观察。如果一端是透明玻璃球的，那么，将带孔的硬纸片贴在圆柱体另一端就可以了。如果一端是用透明塑料薄膜封住的，那还需要多一个步骤：由于围在外面的硬纸片略长于三棱柱，因此已封上的一端会形成一个小空腔，在其中放上彩色装饰亮片，并用塑料薄膜封住这个空腔，接着同样以带孔的硬纸片封住另一端就行了。

现在，万花筒做好啦！通过观察孔向万花筒里看，再旋转一下，你会看到什么？是不是很漂亮？

很神奇吧！你知道为什么要这样做吗？其实，万花筒利用的是光的反射原理。空心三棱柱内的彩色装饰亮

大功告成，来看看万花筒里有什么吧！

④

片，经过周围三面镜子的反射后，会出现对称的图案，看上去就像一朵朵盛开的鲜花，非常漂亮！而转动万花筒，随着碎片位置的移动，反射出来的图像也会不断变化，让人赞叹不已！

奇妙的声音

振动

声音
从这里产生

"丁零零！"天亮了，该起床上学去了。从这一刻起，你的周围就充满了各种各样的声音：妈妈一个劲儿催你快点起床的叫喊声；爸爸刮胡子的嗡嗡声；远处马路上传来嘈杂的汽车鸣笛声；窗外树枝上小鸟们的叽喳声……你一定发现了，声音是无处不在的。那么，你想过吗，声音到底是怎么产生的呢？

看不见却听得到：声音究竟是什么

20世纪末，美国摇滚歌手杰米·温德拉，为验证声音到底能不能震碎玻璃杯，专门在某电视节目中做了公开实验。当时，他尝试了12只酒杯，最终在没有借助任何扩音设备的情况下震碎了一只。这样看来，单凭个人的声音就能震碎玻璃杯的说法完全属实！

被声音击碎的玻璃杯

哈哈，你是不是也有尖叫的冲动呢？不过，可不是任谁随便叫几声就能击碎玻璃杯的！要知道，温德拉击碎玻璃杯时的声音响度超过了100分贝，那听起来跟电钻差不多！

那么，你想知道声音到底是怎么来的吗？试着一边发声，一边用手摸自己的喉部，你感觉到了什么？振动！对，就是振动。声音就是由物体的振动产生的，正在发声的物体叫声源。

这，就是声音的真相。

是啊！

今天天气不错！

关于声音，你了解多少呢

"呱呱！"青蛙正在池塘边乱叫，看，它们发出声音时，身体前面一鼓一鼓的，真有趣！这种鼓动，就是声音振动引起的。

那么，不同人说话，喉部的振动一样吗？当然不一样。振动的快慢跟频率有关。声源在单位时间内完成振动的次数，叫频率（单位是赫兹），频率越大，声源振动得越快。通常，人耳能听到的声音频率为 20 ～ 20000 赫兹，低于或超过这个范围，人耳就听不到了！

人们常说，某某的音调太高了。音调，是声音的特性之一，表示声音的高低，由频率决定，频率越高音调越高。此外，课堂上老师叫你回答问题会说："声音大一点儿！"人主观上感觉到的声音的大小，叫响度，是声音的另一个特性。

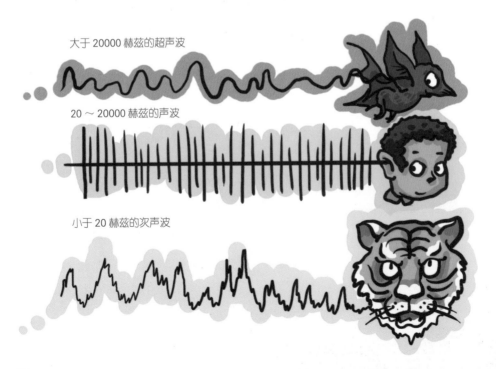

大于 20000 赫兹的超声波

20 ～ 20000 赫兹的声波

小于 20 赫兹的次声波

还有一件怪事，跟声音有关！朋友在一起时，你闭着眼睛就知道谁在说话。这种本事是怎么练就的？其实是音色的原因。音色，是声音的感觉特性，不同的发声体因材料、结构不同而具有不同的音色，如小提琴的声音和钢琴的声音就不同。当然，我们每个人的声音也是独一无二的。

是你的声音！

你怎么知道？

不敲自鸣的磬（qìng）

早在唐朝时期，人们就发现了共振现象。当时，一个和尚发现寺里的一口磬常莫名其妙地自己响起来。是闹鬼了吗？他因此害怕得生病了，而且越来越严重。后来，一个朋友帮他揭开了谜底。原来，寺庙里每天都会敲钟，当钟和磬的振动频率相同时，就会发生共振现象，正是这种共振导致磬不敲自鸣！而这种物体因共振而发声的现象，就叫作共鸣！

声音波动

传播
奔向远方的
声波

救命啊!

　　假设你独自一人飘荡在太空中，除了航天服外一无所有，你会怎么求救？大声喊叫？可是，我跟你打赌，无论你怎么喊，哪怕喊破喉咙也不会有人来救你的，因为他们根本听不到你的声音！这是为什么？你的声音被吞掉了吗？

导线传声：原来声音能传播那么远

电话对现代人类来说，真是太重要了。你知道电话是怎么发明出来的吗？下面，我们一起穿越到 19 世纪中期，去看看电话发明的过程吧！

这是一间杂乱不堪的实验室，到处堆满了导线和铁片。桌旁，贝尔正聚精会神地做实验。忽然，一滴硫酸溅到他身上，剧烈的疼痛让他大叫起来："沃森，快来，我受伤了！"沃森是他的助手，可此时，他正在另一间屋子里，不可能赶来。但神奇的一幕出现了，贝尔的声音竟通过他面前的导线传到了沃森的房间里。沃森很快赶来了，他对贝尔大叫："我们成功了，我听到声音了！"这下，连贝尔也兴奋地大叫起来，俨然一个疯子！

声音能通过导线传播！围绕这一结论，贝尔最终发明了电话，而这个导线传声实验，研究的就是声音的传播。

打水漂时，水面会以石头掉落的地方为中心荡出一圈圈波纹。

声音，跟水相似，也以波的形式传播，也就是声波。

现在你知道了，声波可以通过导线传播，那么，还有什么东西能让声波传播呢？

为什么把耳朵贴在地上能听到远处的声音

漆黑的营帐沉寂无声，将士们都进入了梦乡。忽然，一个黑影坐起来，又很快趴下去，把耳朵贴在地面上认真地听着："嗒嗒"的马蹄声由远及近，越来越清晰。"不好了，敌人来了！"

很熟悉吧？影视剧中常出现这种场景。不过，你知道士兵为何要趴在地上听远处的声音吗？

这依然跟声音的传播有关。导线能传声，那么，还有什么能传声呢？空气、水、土地……实际上，除了真空，地球上的多数物质都能传声，这些物质叫介质。通过介质，声波可以四处扩散，其乐无穷！当然，如果声波一时得意跑到真空里，那真不幸——它将马上消失。所以，在真空中呼救，声音是传不出去的。

那么，为何趴在地上能听到远处的声音？答案就是：声音在固体中的传播速度比在气体中快。通常，在不同介质中声音的传播速度是不一样的，物体的弹性越好，声音传播速度越快。而在固体、液体和气体中，固体弹性最好，气体最差。因此，声音在大地中的传播速度远快于在空气中的传播速度，趴在地上，也就能更早听见远处的声音了。

吸收声波的"声音黑洞"

寂静的太空里，一片光正快速向前推进。忽然，前方似乎出现了一个看不见的血盆大口，一下将所有的光吞了进去，仿佛它们从未出现过。

你知道那个"血盆大口"是什么吗？是黑洞！黑洞之所以得名，就因为它能吸收所有射向它的光线，让所有绚烂的光束都跌入它黑暗无边的深渊里，像个恶魔！

不只是光，声音也一样。科学家已经研制出一种"声音黑洞"，它像黑洞吸收光线一样，可以吸收声波，使它无法逃跑。具体方法是：科学家仿照黑洞形成的原理，让一种特殊的材料以超音速在介质中穿行，这样，原本在介质中穿行的声音就会因跟不上这种材料的速度而最终被捕获。

地震波

地震波是指从地震震源产生的向四处辐射的弹性波，其实就是在地壳中传播的声波。地球内部存在着地震波速度突变的莫霍面和古登堡面，将地球内部分为地壳、地幔和地核三个圈层。地震发生时，震源区的介质会发生急速的破裂和运动，从而构成一个波源。之后，这种波动就会向着地球内部及表层各处传播开去，形成连续介质中的弹性波。

回声

声波被反弹回来了

你做过这样的事儿吗？对着空旷的山谷大喊："你好吗？"山谷随后会发出嗡嗡的声音："你好吗？"这是回声，生活中经常会遇到。那么，你思考过，回声是怎么来的吗？它背后的原理是什么呢？

石像说话了？原来是反弹的回声啊

这是一座中世纪的城堡，经过院子往里走，是一间有着高耸穹顶的大厅，非常气派！哦，大厅里还有一座半身人像，看起来非常逼真。忽然，有声音传来，有人在说话？但周围明明没有人啊！难道是石像在说话——石像复活了？！

哈哈，石像当然不会复活，大厅里的声音只不过是回声罢了。建筑师在城堡的暗处装了很大的传声筒，传声筒通过拱形的天花板把院子里的声音送到石像嘴里。所以，不知情的人就会以为石像"复活"开口说话了。

那么，回声是怎么形成的？我们知道，声音以声波的形式传播，而声波一遇到障碍物，就会被反射回来，形成回声。当然，除了坚硬的障碍物，像云一样柔软的东西也能反射声音，甚至完全透明的空气，某些时候也能反射声音。

当然，声音不同，得到的回声也不同。通常越尖锐的声音，回声越清晰，如受惊吓时发出的尖叫。而与此相反，低沉的守墓人的声音，回声就很模糊了。

声音被天花板反射后，传播到了我们耳边

吸音装置：软软的材料能 "吃掉"声音

明清时期祭祀用的天坛中，有两座神奇的回声建筑——三音石和圜丘。站在三音石的第一、第二、第三块石板上面向殿内说话，分别可以听到一、二、三次回声；站在圜丘中的天心石上大声说话，则会从四面八方传来悦耳的回声。

不过，你一定很好奇，有没有不反射声音的物体呢？当然有。布匹、树木、毛毯等柔软的物体，就可以像海绵一样把声音给吸收掉，"吃掉"声音！

你去参观过演播室或录音棚吗？演播室和录音棚的墙壁上都贴着厚厚的海绵，像装鸡蛋的箱子一样。

回声的多样用途

知道吗？回声在地质勘探中也有广泛应用。勘探石油时，就常采用人工地震的方法。具体来说就是，在地面上埋好炸药包，并放上一列探头，然后把炸药引爆，这时探头就可以接收到地下不同层面反射回来的声波，从而探测出地下的油矿。此外，建筑上也要用到回声。在设计、建造大的厅堂时，设计者就需要考虑着回声来设计厅堂的内部形状和结构等，以免影响到室内声音的反射，进而影响听觉。

石油

水

柔软的海绵可以把传播到它上面的声音给"吞掉"，只留很少一部分反射回去。所以，演播室和录音棚里几乎没有回声，播报新闻或演唱、演奏的声音才能更好地传到观众的耳朵里或被设备收录。

利用回声来定位

你知道吗，海豚的交流方式是通过不停地发出超声波来进行"回音定位"，而人类自身是无法做到这一点的。不过，仿照着海豚的交流方式，人类也实现了靠回声来认路。

一边走路，一边发出"咔嗒"的声音！如果你在街上见到这样一个人，千万不要惊讶，因为他或许正用"回声定位法"来认路呢！回声定位法的原理是，当盲人的舌头发出响亮的声音，而声波撞到前方的物体后，回声会反馈到盲人的耳朵中，使他们能分辨出前方物体的大小、形状和距离。与正常人通过眼睛看到物体的视觉处理方式差不多，"回声定位法"是通过回声在大脑中形成物体。英国一个4岁的失明小男孩，就通过这种"回声定位法"实现了"畅行无阻"，对此，人们都亲切地叫他"海豚儿童"。

咔嗒！

回声定位法

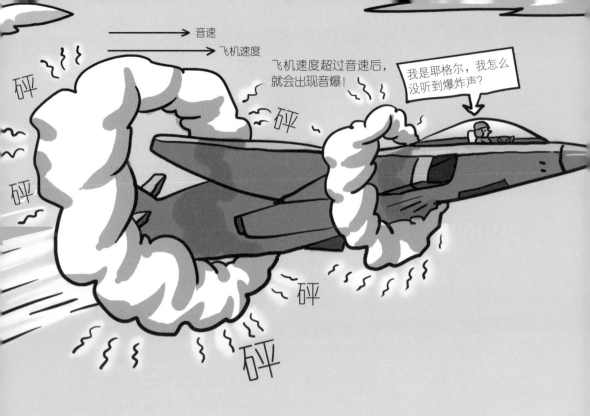

音爆

凭空发生的"大爆炸"

1947 年 10 月的一天，美国西部的莫哈维沙漠上空一片沉静。忽然，从空中的一架飞机上传出了巨大的爆炸声。随着爆炸声的响起，飞机后半部出现了一大团白色的水雾，仿佛给飞机套上了一件天鹅裙。爆炸过后，沙漠上出现了一群人，他们欢呼雀跃，把帽子扔上了天。难道是机毁人亡的悲剧？是谁这么冷血，还在庆功？

嘭！空气被飞机撕裂了

一切平息之后，飞机缓缓降落。随后，飞机里走出了一名年轻人。他叫耶格尔，此刻他激动万分，因为——他是第一个把声音抛在身后的人。

这是怎么回事？飞机不是爆炸了吗？其实，这是一群实验者，而刚发生的飞机爆炸，就是著名的"音爆"实验。

音爆，是物体在空气中运动的速度突破音速时产生冲击波所引起的巨大响声。通常，超音速战斗机或其他超音速飞行器跨音速飞行时会出现音爆。当然，一开始人们根本不知道音爆发生时会怎样，或许飞机会被摧毁、人被撕成碎片。可不试试怎么知道呢？抱着这种疯狂念头，耶格尔和朋友们做了上面的实验。

这太疯狂了，他可能会死掉的！当然，正是那种疯狂让他名留史册！

你身边就有音爆

声音在空气中以波的形式传播，那么，当飞机逐渐加速，并最终赶上音速时，会出现什么状况？一旦声波被飞机赶上，这些波就会堆积起来，也就是说，空气分子会来不及逃开，继而积压在一起。此时，飞机面前就如同横挡着一面空气墙。如果飞机的动力足够、结构结实、外形合理，那么，飞机就会超过音速，飞机就会从这面空气墙后突围出去。而被压缩到极致的空气会被穿透，产生激波，并发出爆炸声。这就是音爆现象。

当然，最有趣的是，驾驶飞机的飞行员竟然对音爆"充耳不闻"。因为身在激波的中间，处于稳定的压强条件下，飞行员完全听不到音爆，当然也就不会受伤。

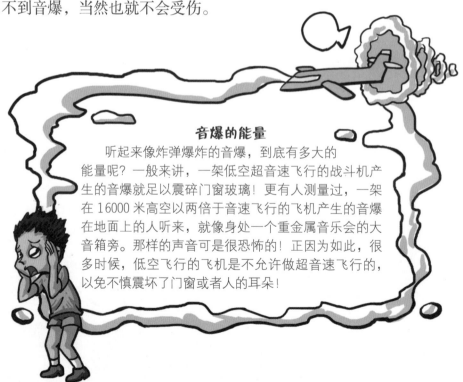

音爆的能量

听起来像炸弹爆炸的音爆，到底有多大的能量呢？一般来讲，一架低空超音速飞行的战斗机产生的音爆就足以震碎门窗玻璃！更有人测量过，一架在16000米高空以两倍于音速飞行的飞机产生的音爆在地面上的人听来，就像身处一个重金属音乐会的大音箱旁。那样的声音可是很恐怖的！正因为如此，很多时候，低空飞行的飞机是不允许做超音速飞行的，以免不慎震坏了门窗或者人的耳朵！

其实你身边就有音爆现象。公园里，老大爷在抽陀螺的过程中，会产生"啪啪"的清脆响声。这是抽鞭子时鞭梢的速度突破音速而形成的。此外，有科学家还推测，距今 1.5 亿年前，恐龙尾巴以音速甩动时也会产生音爆。这是真的吗？去问恐龙吧！

频繁的音爆让人烦

20 世纪，一家开在美国空军基地的养鸡场老板曾经起诉空军，原因是——他的上万只鸡都被耍酷的飞行员用音爆给震死了。这些飞行员真疯狂，怪不得鸡场老板会生气！

当然，音爆的危害远不止杀几万只鸡那么简单。在巴以加沙冲突期间，以色列空军曾在夜间对加沙城实施了多次音爆袭扰。当时，强大的"音爆"犹如重磅炸弹响彻整个加沙走廊，人的耳朵根本无法承受。与此同时，巨大的震动波还震裂了墙壁，震碎了无数玻璃。

很恐怖，是不是？不过，这样强烈的音爆还是稀少的，如果你真想听音爆声，就去公园听老爷爷抽陀螺吧，那可是很有趣的哦！

次声波和超声波

有些声波人耳听不到

　　你去过鬼屋吗？据说，进入鬼屋，灯光熄灭之后，身体会产生一种奇异的感觉，脊背开始发凉，鸡皮疙瘩开始冒出来，恐惧感逐渐上升，身后似乎出现一个身影！接下来，只听一声大叫，屋里的人夺门而出，同时惊恐地大叫："有鬼，有鬼啊！"光是听听，就很可怕了，是不是？可是，鬼屋里真的有鬼吗？

啊，鬼啊！

诡异的次声波：听不见却有感觉

接下来，我们要去做一件特疯狂的事——捉鬼！

鬼屋就在眼前了，深呼吸，然后进去。咦？这里似乎没他们说的那么可怕，连个像样的骷髅都没有。别急，为了检查得更彻底，让我们打开声音装置，看看这里到底有没有什么奇怪的东西吧！啊，那是什么？虽然频率很低，但声音装置上显示，这里确实存在着一种声音。难道，这就是传说中的"鬼"？

是的，这个低频率的声音，就是所谓的"鬼"——次声波。

次声波是频率小于 20 赫兹的声波，人耳听不到。次声波频率很低，波长却很长，能传播很远。此外，次声波还具有极强的穿透力，不但能穿透大气、海水、土壤，甚至坦克、军舰、潜艇都不在话下。

那么，次声波跟"鬼"又有什么关系呢？科学研究证实，次声波的超低音波能让人精神紧张、心情忽然极度悲伤、身上打冷战、心神不安、脊背阵阵发冷等。正是这些感受，让次声波成为人们看不见、听不到的"鬼"！

好难受，我觉得头晕恶心、浑身发抖！

次声波

强度不大的次声波会让人头晕、恶心、精神沮丧。

强大的次声波能要人命

研究显示，人体内脏固有的振动频率和次声频率近似，因此当附近有次声波时，人体内脏就会产生"共振"进而出现异常。通常，强度不大的次声波会让人头晕、恶心、精神沮丧，而更强烈的次声波则会让人耳聋、昏迷、精神失常，甚至当场死亡。

自然界中，海上风暴、火山爆发、海啸等现象的发生，都可能伴有次声波。而人类活动中，核爆炸、火炮发射、高楼和大桥摇晃时，也可能产生次声波。

能听到次声波的动物

人类听不到次声波，但有些动物却能听到。知道大象怎么在很远的地方就感知到同类吗？它们通常会用脚踩踩地面，发出次声波，这样，即便它们相隔很远也能用脚感知到了。而凶残的鳄鱼，在求偶期间也会靠震动背部发出次声波来吸引异性。另外，林中之王老虎则拥有自己的"次声波武器"，大吼一声就能让人的耳关节错位，非常厉害！

次声波

超声波：蝙蝠身上的先进武器

夜深人静，林子里忽然发出一阵怪叫，一群吸血蝙蝠像恶魔般冲进了人类的村庄，随后，惨叫声不绝于耳……吸血蝙蝠！它可是恐怖故事里常见的主角。可你知道吗，蝙蝠其实视力较差，基本看不到东西。那它是怎样看路并抓捕猎物的呢？答案就是——利用超声波。

超声波跟次声波相反，是频率高于 20000 赫兹的声波。由于频率很高，超声波的声强比一般声波大很多，带有很强的振动性。

人耳是听不到超声波的，但很多动物可以，蝙蝠就是其一。研究发现，飞行中的蝙蝠会不断发出超声波脉冲，然后根据超声波反射回来的回声"认路"。

人类也很聪明！利用蝙蝠"看"东西的原理，人类发明了声呐，利用超声波的反射来探测水下目标，如冰山。如果当初"泰坦尼克"号上装了声呐，它肯定不会沉没。

蝙蝠

超声波

声学小实验

能灭火的声音

你能用几种方法灭火？用水浇灭火焰，用嘴吹灭蜡烛……如果我告诉你，我是用声音来灭火的，你相信吗？是不是觉得这种想法太疯狂了？

现在，我们就来做做这个疯狂的声音灭火实验吧！

准备工具：一个可以调节高低音的音箱、一个可以插在音箱上的麦克风、一根蜡烛。

好了，实验要开始了，看好喽！

1. 把麦克风插在音箱上，找出一些可以发声的声源，当然也可以用自己的嘴巴发声。

2. 点燃蜡烛，并把它摆放在音箱前一定距离内。

3. 对着麦克风发出低音，并且把音箱调节到低音频率范围内。

4. 接下来，就是不断尝试，直到蜡烛被熄灭！

你来试试吧，加油！

当然，如果你试了几次都没有成功，那再看看以下两个建议：

1. 蜡烛放置在音箱前的距离会影响实验效果，你需要不断地调整才能找到合适的位置。

2. 低音的频率范围也需要细细寻找，你需要不断尝试不同音高。

哈哈，你成功了吗？其实，实验运用的原理很简单。音箱是声源，发出声音的时候会振动。振动时传送的气压波使得空气也剧烈地波动起来，而振动的空气会导致火焰熄灭。现在，明白了原理，赶快再试试吧！

充满力量的能与热

能源
世界运行的
动力之源

　　"人是铁，饭是钢，一顿不吃饿得慌！"每次妈妈催你吃饭的时候，是不是都会这么说？人类每天都要吃饭，吃饭的过程就是补充能量的过程。有了能量，人才能运动、思考，做各种各样的事情。其实，不光是人体，汽车、飞机、电视、电脑等，所有物体的运动都需要能量，没有能量，甚至地球都会停止转动！

没有能量，我们都动不了了！

人体的能量来自饭食

缺少能量，地球也会停止转动

能量是世界运行的动力之源，是物质运动的一般度量。根据不同形式的运动，能量分为机械能、电能、化学能、原子能等。不客气地说，若没有能量，人类什么事情都做不了了。

那么，能量又是从哪里来的呢？向自然界提供能量转化的物质，被称为能源。能源是人类活动的物质基础，石油、煤炭、天然气、风、太阳等都属于能源。而石油、煤炭和天然气等从地底下开采出的能源，被称为化石燃料，是我们这个时代的主要能源。

这是什么？啊！一只恐龙——骨架！然后，它被淤泥埋在地底，逐渐变硬。漫长的几百万年过去了，它和数不清的恐龙骨架连同其他动植物一起，形成了沉积岩。再后来，人类从这些沉积岩中发现了它们。

以上就是化石燃料的形成过程。想想看，你刚放进火炉的那块煤炭，可能是恐龙的一个脚趾头！

没有能量了，我要停止转动了……

"肚子饿"

水和风也是能源

如果你够聪明，就会知道，恐龙的数目是有限的，因此，化石燃料也是有限的。事实上，化石燃料是一种不可再生资源，只会越用越少，并最终被彻底用完。

那么，地球上有没有不会枯竭的能源呢？有！事实上，地球上有一种能源和不可再生能源不同，它的能量永远不会枯竭。人们把这样的能源称为可再生能源，水、风等就属于此列。

哗哗流动的水，也能当能源吗？当然！听过水力发电吗？一大股水流从高处冲向低处时，会产生巨大的力量，这个力量能让一个发电机转动起来，从而顺利发电。这就是水力发电的原理。

呼呼呼，大风来了！风，也是种威力无穷的能源！看看这是什么！哇，大风车，这么大一片的风车，真壮观！不过，这些风车可不是给你玩的，而是用来发电的。这一大片望不到头的风车，其实就是丹麦的风力发电场。借助于随风而动的巨大风车，丹麦成了世界上很厉害的风力发电王国，也成了名副其实的"风车大国"。

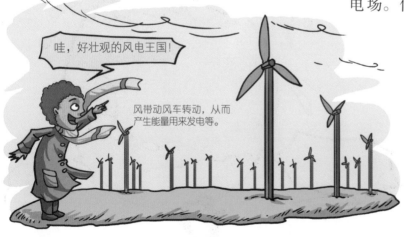

哇，好壮观的风电王国！

风带动风车转动，从而产生能量用来发电等。

太阳——地球的能量之源

"太阳，给我力量！"不要以为这句话只出现在动画片中，事实上，地球上的每个人都可以这么说。因为，地球上的所有能量，归根结底都来自太阳。

太阳是怎样给地球提供能量的呢？太阳光的照射使地表温度升高，地表的空气受热变轻上升，此时，温度较低的冷空气横向流入，这种流动便形成了风。水库里的水会在太阳的照耀下变成水蒸气，而水蒸气到了天空会形成云彩，云彩随后会变成雨滴浇灌到大地上，形成各地的河流和湖泊。

再来看看动植物吧！你知道，食物中的营养物质是怎么来的吗？当然跟太阳有关。植物中存在一种光合作用，它们会把白天吸收到的太阳能储存在叶绿素中，让它跟二氧化碳和水结合制作成淀粉。在这个过程中，植物还会向空气中释放大量氧气。多数食肉动物，和人一样，都是以植物或食草动物为食的，说到底，还是跟植物有关，当然也就跟太阳有关！而那些埋藏在地底的化石燃料，也是动植物形成的，照样摆脱不了太阳的影响。

现在你知道，为什么每个人都可以光明正大地说"太阳，给我力量"了吧？因为，真的是太阳在供给你力量啊！

叶绿素

叶子中的光合作用，会把吸收到的太阳光储存起来，制作成淀粉并释放氧气。

动物通过食入植物，吸收能量！

动植物的尸体聚集在一起，长久之后形成化石燃料！

化石燃料

能量

能量的总量是不变的

你知道吗？大到宇宙中的天体，小到原子核内部，只要存在能量转化，就都服从一个规律——能量守恒定律。对地球上的人而言，从日常生活，到科学研究、工程技术，这个规律也都发挥着重要作用。可以说，人类对各种能量，如煤、石油等燃料及水能、风能等的利用，都离不开能量守恒定律。那么，这个强大的定律是怎么来的呢？马上，你就会知道了！

煤

在力的方向上通过了一段距离，所以小男孩对瓶子做功了。

手对瓶子施加了力。

能量无处不在

你捡起一个瓶子扔了出去，哇，你刚才做功了！什么是做功？做功可是跟能量密切相关的一个概念。

做功，是能量由一种形式转化为另一种形式的过程，专业定义是：当一个力作用在物体上，并使物体在力的方向上通过了一段距离，就说这个力对物体做了功。

听说过大力水手吗？吃完菠菜的大力水手，马上变得力大无穷，能举起重物。这恰好可以说明能量跟做功的关系：做功就像一个大力水手举起了重物，此时，他就充满了能量。

那么，再来看看你刚才的行为吧！你捡起瓶子，对瓶子施加了一个向上的力，瓶子向上运动了一段距离；再把瓶子扔出去，瓶子在向前的力的方向上又通过了一段距离。这两个过程你都做功了！

当然，生活中很多物体都具有做功的本领，也就是具有能量。例如，从高处落下而做功的物体，具有的能量叫作势能；运动的物体在做功，具有的是动能；高温的水蒸气做功，具有的是热能；而煤炭或石油等燃料具有化学能；等等。一句话：能量无处不在！

石油

无法摧毁、永不消失的能量

接下来，我们将去见两个"疯子"！

第一个"疯子"叫迈尔，是个德国医生。1840年，他发现了一个奇怪的现象：因水土不服放血治疗时，在德国时放出的是黑红色的静脉血，而在印度，放出的却是鲜红的静脉血，这太奇怪了！人的血液颜色怎会因为地点的改变而不一样？迈尔决心查个清楚。最终，他发现了能量的转化链条：人体的热量来源于食物，食物中的热量来源于太阳，而太阳的热量来源于它自身的燃烧。这说明，能量是不会消失的，它只会在不同种类的能量间相互转化。

这原本是个突破性的发现，但在当时却得不到人们的理解。大家认为迈尔是个"疯子"，就连他的家人也不理解他，还将他送到了精神病院。当然，在精神病院待了8年后，他才彻底洗清了"疯子"的嫌疑，获得了该有的荣誉。

另一个"疯子"是焦耳。跟迈尔一样，焦耳经过无数次实验和论证，也证实了能量是守恒的，但同样没人相信这一点，人们把他当作"疯子"。当然，最终，他也得到了世人的理解和称赞。

天哪，血液颜色竟然不一样！

让科学家疯狂的能量守恒定律

看了迈尔和焦耳的故事后，让我们来见识见识这个让他们成为"疯子"的定律吧。

能量既不会凭空产生，也不会凭空消失，它只能从一种形式转化为其他形式，或从一个物体转移到另一个物体，而在转化或转移的过程中，能量的总量是保持不变的。这就是著名的能量守恒定律。就像孙悟空的七十二变一样，能量也有七十二变的本领，甚至更多，而且，像孙大圣一样，它无论怎么变，都不会消失。

米饭进入人体后，热能会转化为化学能。

电饭锅把电能转化成了热能。

那么，能量到底是怎样变来变去的呢？简单来讲，能量跟孙悟空一样，可以随意地改变形态外貌。知道为什么电饭锅能把米饭煮熟吗？因为电饭锅把电能转化成了热能。不过，转化到这里并没有停止！米饭在通过人体消化系统后，还会转化成化学能，而人体内的化学能随后又会转化成动能和热能，以供人们行动、维持体温……

很奇妙，是不是？就好像一个原本漂亮的小娃娃，一瞬间变成了一条虫子，然后又变成了一只鸟，随后又变成了一棵树，接着又变成了一片云彩……总之，只有你想不到，没有能量变不到哦！

动能和势能

运动中的能量转变

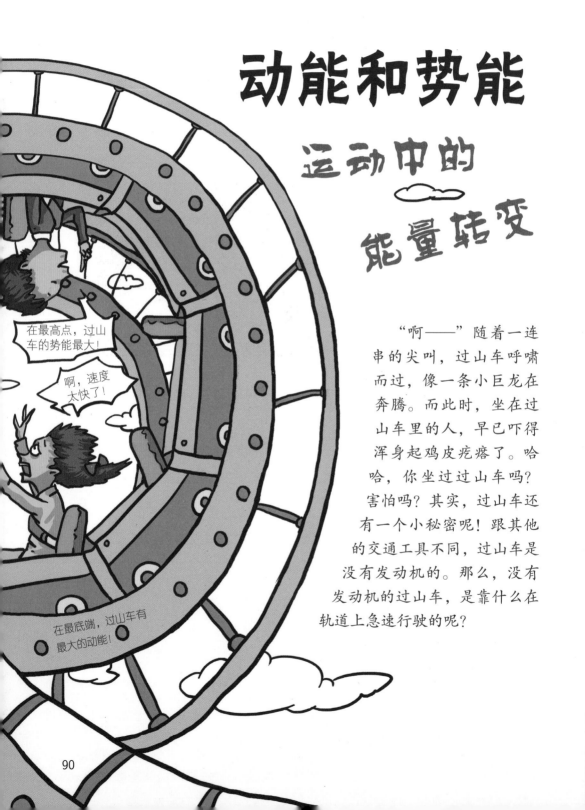

在最高点，过山车的势能最大！

啊，速度太快了！

在最底端，过山车有最大的动能！

"啊——"随着一连串的尖叫，过山车呼啸而过，像一条小巨龙在奔腾。而此时，坐在过山车里的人，早已吓得浑身起鸡皮疙瘩了。哈哈，你坐过过山车吗？害怕吗？其实，过山车还有一个小秘密呢！跟其他的交通工具不同，过山车是没有发动机的。那么，没有发动机的过山车，是靠什么在轨道上急速行驶的呢？

位置越高，势能越大！

"预备，放！"随着一声令下，不同高度的花盆被同时扔了下来，砸向地面。结果，位置高的那个花盆一下子就粉身碎骨了，而位置低的那个，仅仅摔破了一个角！这是为什么？其实都是势能在搞怪。

从高处落下而做功的物体，具有的能量叫势能。简单讲，势能就是物体离开地面后具有的一种能量。放在一楼地面上的花盆是没有势能的，因为它没有离开地面；而放在 5 楼阳台上的花盆就具有势能。

当然，上面的实验也表明，谁在更高的地方，谁的势能就更大。例如，放在 10 楼阳台的花盆就比放在 5 楼阳台的花盆势能大，产生的破坏力也更大。所以，平常人们钉木头时，总是把锤子举得高高的，这样才能让锤子拥有更多的势能，发挥更大的功效，把钉子钉得死死的！

放在高处的花盆，具有势能。

在下降的过程中，花盆的势能逐渐减少，动能逐渐增加，所以下落的速度更快。

哈哈，我要一直往前冲！

摩擦力

想一直跑，没那么容易！

靠势能奔跑的过山车

孩子，坐过过山车吗？坐过。很好！如果说，速度惊人的过山车是没有发动机的，你还敢坐吗？要知道，你身边的大部分交通工具，都是靠着发动机源源不断地提供能量的。而没有发动机的过山车，是借用了什么神奇的能量呢？

好了，先放下这个问题，让我们来放松一下，一起去坐过山车吧！当然，这可不是纯粹为了玩的，你需要仔细感受，过山车在行进过程中各个阶段的速度变化。

现在，过山车要开动了，准备好疯狂大叫吧！过山车正在徐徐前进。啊，现在它攀升到了非常高的地方，朝下看，哇，人变得好渺小！这时，你的手心出汗了吗？接下来，过山车的速度似乎变慢了，缓缓地停了下来，你以为它要停下吗？大错特错！很快，它突然冲了下去，速度越来越快，一下子像直接插到地底了，但它还没有停下，仍继续向前方飞驰。与此同时，周围的人发出

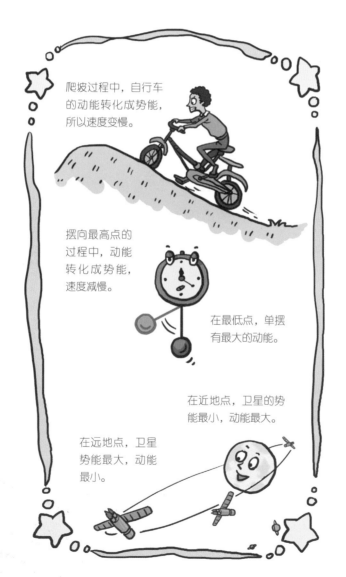

爬坡过程中，自行车的动能转化成势能，所以速度变慢。

摆向最高点的过程中，动能转化成势能，速度减慢。

在最低点，单摆有最大的动能。

在近地点，卫星的势能最小，动能最大。

在远地点，卫星势能最大，动能最小。

了尖锐的叫声："啊啊啊——"哈哈，你害怕吗，害怕就闭上眼睛吧，很快就会结束的！

过山车里还有啥秘密

怎么样，很神奇的一次体验吧！当然，你肯定发现了，过山车在整个行程中的速度是有快有慢的。实际上，这正是过山车动能和势能相互转化的体现。

什么是动能？物体由于运动而具有的能叫动能。一开始，过山车缓缓上升，势能逐渐增大，到达最高点后，它就具有了最大的势能。然后，在它慢慢行进的过程中，势能逐渐转化成动能，因此，下坡时，它的速度会越来越快，快到让你尖叫！然后，当过山车拥有了动能之后，它就可以向高处攀升了。而越往高处爬，它的速度就越慢。这是因为此时过山车的高度增加，势能在增加，而动能在减少，也就是动能正转化成势能。

当然了，高度越高，势能越大。所以，过山车上升得越高，它的势能就越大，速度当然也就会越快。这下，你明白了吧，过山车之所以没有发动机也能飞驰，就是因为它的势能和动能在不断地转换，根本不需要发动机。

不过，如果是能量之间的转化让过山车向前运动，那么，动能和势能就会不断转化，那它岂不是永远都停不下来了吗？不错，你想得很对。可有一点你忘记了，轨道和过山车的车轮间是有摩擦力的，它会像只大触手一样，不断拉扯向前跑动的过山车，直到它无奈地停下为止！

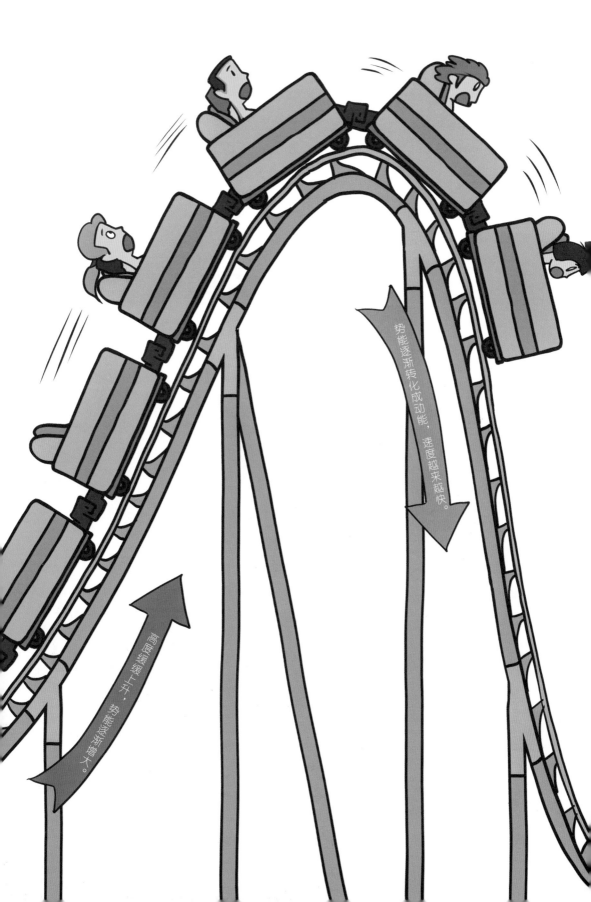

热胀冷缩

温度能改变物体的大小

火车是沿着铁轨行进的，而铁轨上每隔一段就留有一段空隙。对此，细心的人会发现，到了夏天，那些被留出来的空隙"消失"了，铁轨似乎自己长长了。这是怎么回事？

就是喜欢热！

　　冷天，冰里的水分子紧挨在一起，互相间缝隙很小，仿佛在抱团取暖。当冰遇热，水分子开始活跃，原本结合在一起的水分子分离，然后"四散而逃"。这时，冰变成了水。当水继续受热，水就会变成蒸汽分散到空中，水分子变得更加活跃了！

　　明白了吧？水分子喜欢热，温度越高它越活跃！其实，不仅水分子，所有分子都一样，受热后都会更活跃。当然了，物质的分子间是有一定距离的，如果它们变得活跃，到处"乱跑"，就会拉大彼此间的距离，这样就会导致我们看到的物体变大——膨胀起来！这，就是热胀的原因。

　　呀，空隙没有了！

热

加热！瘪掉的乒乓球变圆了

"热啊，热啊！"一群小人儿边擦汗边抱怨，"不行，我要离远一点儿，跟你挨着太热了！"小人儿纷纷奔跑起来，相互间越离越远！慢慢把镜头放大，你是不是看到铁轨正以慢放的动作变长？哈哈，这就是铁轨变长的真相！当然，一到冬天，这些分开的小人儿觉得冷了，就会重新聚到一起，那时，铁轨就会"缩"回去！

通常，物体受热后会膨胀，受冷后会缩小，这就是热胀冷缩，多数物质都具有这个性质。生活中，热胀冷缩的例子实在是太多了！例如，挂在空中的电线，夏天会变长，松松垮垮地垂下来，小鸟可以在上面荡秋千，但到了冬天，总是绷得紧紧的……

掌握了热胀冷缩原理可是很有用的。你会知道，炎热的夏天，给自行车充气的时候最好不要充太足，否则，温度升高气体会膨胀引起爆胎；扁掉的乒乓球，可以放在热水里，因为受热膨胀，扁掉的部分会被撑起来，乒乓球也就恢复原状了。

热胀冷缩小常识

生活中，有很多热胀冷缩的事例，你知道吗？

1. 烧开水时水溢出，是因为加热后水的体积膨胀了。

2. 给自行车打气时，不能打得太足，以免气体受热膨胀导致爆胎。

3. 新买的罐头很难打开，是因为生产时放进去的罐头是热的，气体处于膨胀状态，冷却后气体收缩，瓶内气压小于瓶外。解决方法是将罐头加热再打开。

4. 温度计，是利用液体受温度的影响而热胀冷缩的现象设计的。测量体温时，温度计里面的液体会受热膨胀上升从而显示出体温。

总有例外！不合规律的水和锑

自然界中，多数分子都老实遵守热胀冷缩规律，但也有一些偏偏不听话！

水是其中之一。不要奇怪，多数情况下水都遵守热胀冷缩的规律，但在温度从0℃升到4℃的过程中，水却是"热缩冷胀"的。这是怎么回事呢？原来，在水温从0℃升高到4℃时，水分子的密度竟然在增大，也就是聚集在一起的水分子多了，这个趋势打败了那些原本因为受热而跑开的水分子，于是，整体来看，水分子呈现出聚集在一起的状态。

当然，水并不是最特别的，另外一个物质——锑，更奇怪！锑是一种银白色的金属，有四个"孩子"：老大"灰锑"，老二"黄锑"，老三"黑锑"，老四"爆炸锑"。这四个兄弟各有所爱，且喜怒无常。黄锑喜欢低温，如果温度超过80℃，它就无法继续存在，马上变成黑锑；而只要一加热，黑锑就会变成灰锑；而爆炸锑简直是个小疯子，只要拿硬东西碰一下它，它马上"火冒三丈"，放出大量的热，然后变成灰锑。

当然，锑的反常之处还在于，它不但不符合热胀冷缩规律，甚至与之相反：液态锑在冷却凝固时，不但不缩小，体积反而越来越大，也就是热缩冷胀。这是因为在一定温度范围内，锑的晶体结构和原子排布方式会随温度的变化而变化。在这个限定的温度范围内，温度升高时，锑的原子排布变得更紧密，使它的体积缩小；反之，温度降低时，其原子排布变得更疏松，它的体积就变大了。是不是很神奇！

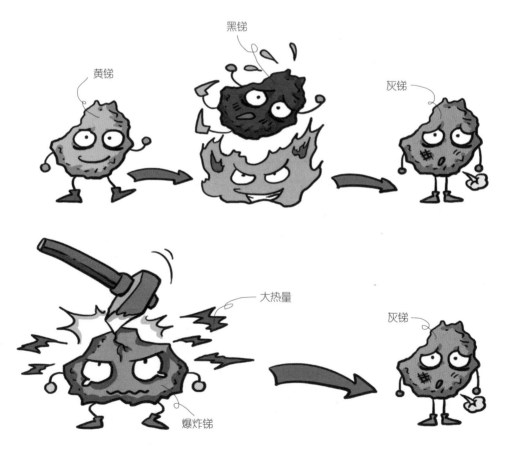

热传递

会"跑"的

热量

　　寒冷的冬天，你的双手被冻得通红，此时只要抱着一个暖水袋，双手很快就变得暖乎乎的。而把热水倒进杯子时，原本冰凉的杯子也会变得像热水一样烫，用手去碰甚至会烫到手。这都是很常见的生活现象，可你想过吗？为什么接触了热水袋的双手和装了热水的杯子，会变得像它们一样热呢？

让温度相同——热传递的终点

就在刚才，一群小鸟叽叽喳喳叫道：一头北极熊被太阳杀死了！

太阳杀死了北极熊？这是怎么回事？事情的经过是这样的：一头在水中游了很久的北极熊，好不容易找到了一块浮冰落脚，可太阳的热量很快使冰块融化了，落进水中的北极熊没了继续游动的力气，最终溺死了！

我们都知道，太阳把冰块融化是很正常的事情，就像热水袋能暖手，倒进热水后冰凉的杯子会变热一样正常。其中的物理原理就是：热能从一个物体传到了另一个物体上。

这，就是热传递。热传递，是热量从温度高的物体传到温度低的物体，或从物体的高温部分传到低温部分的过程。自然界中，热传递现象非常普遍，只要物体之间或同一物体的不同部分之间温度不一样，就会发生热传递，并将一直继续到温度相同为止。

热传递的三种方式

热传递看起来好处很多，但有时，它也惹人讨厌！英国大科学家杜瓦就是这样认为的。

传导——热量从手上！传导——热量从杯子

19 世纪末的一天，杜瓦完成了一个实验：在超低温度下，把气体氢压缩成液态氢。这在当时是很难得的，但有个问题：怎样保存低温液态氢？用瓶子保存的话，因为热传递，外界的热量会很快使瓶子的温度升高，而一旦温度升高，液态氢又会变成气态氢。杜瓦对此苦恼不已。

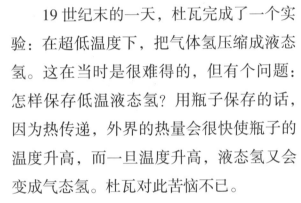

辐射——热量通过电磁波传递。

那时，杜瓦已经知道热传递有三种方式：传导、辐射和对流。传导，发生在两个直接接触的物体间；辐射，则是物体通过电磁波传递热能，它不需要介质，可以在真空中进行；对流，发生在流体中温度不同的各部分之间。

只要切断这三种方式，就能阻止热传递。于是，杜瓦做了一个带盖子的双层瓶子，将两层间的空气抽掉，形成真空，又在夹层里涂了一层银，把辐射给反射回去。如此，三种热传递方式都切断了，液态氢终于得以保存。

你认识这个瓶子吗？其实，这就是最初的保温瓶。虽然杜瓦发明保温瓶是为了科学研究，但也无意中改善了人类的生活！

地面上的热空气上升。

海面上的冷空气向陆地移动，形成风。

对流——热量在温度不同的各部分间流动。

冰箱为什么不能当空调用

　　把冰箱当空调用？这想法不错，可惜不科学。要知道，冰箱是让热量逆转的装置，它利用电能，让温度从低处向高处转移，类似用抽水泵把地下水吸到地面上来。为让冰箱内部维持低温状态，热量会被不断地排到冰箱外面去。

　　这样一来，把冰箱当空调恐怕会事与愿违！打开冰箱门后，冰箱里的冷气会冒出来，房间里的空气的确会暂时变凉。但外面的热量也会进入冰箱，冰箱内的温度就会升高。此时，为维持之前的低温状态，电机会做更多的功，排出更多热量。而这些热量，会进入房间的空气中。这样一来，屋子里只会越来越热！

　　当然，如果你能在冰箱后面的墙上打一个洞，让电机直接把热量排到屋外，同时确保屋外的热量不进入屋内，屋内的温度就会降低！不过，你能在墙上打出这样神奇的洞吗？

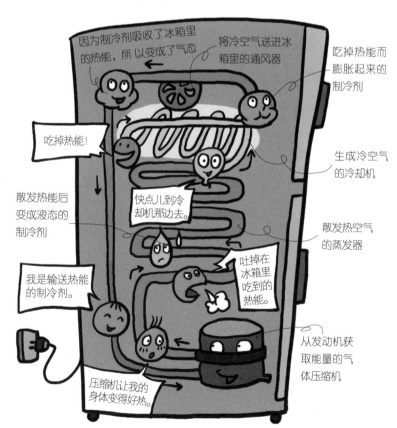

因为制冷剂吸收了冰箱里的热能，所以变成了气态

将冷空气送进冰箱里的通风器

吃掉热能而膨胀起来的制冷剂

吃掉热能！

生成冷空气的冷却机

散发热能后变成液态的制冷剂

快点儿到冷却机那边去。

散发热空气的蒸发器

我是输送热能的制冷剂。

吐掉在冰箱里吃到的热能。

从发动机获取能量的气体压缩机

压缩机让我的身体变得好热。

热学小实验

煮不死的鱼

煮鱼，鱼不死？怎么可能呢？这太奇怪了吧！如果真是这样，那以后是不是就吃不成"水煮鱼"了？当然不是，这只是一个神奇的实验。想知道具体情况，就一起来做实验吧！

你需要准备这些材料：一支大试管、一个试管夹、一根蜡烛或者一盏酒精灯、一张试管口大小的隔离网和一条小鱼。

天哪，可怜的小鱼儿到底会怎么样呢！

由于水很不容易传导热，因此，即便酒精灯将试管上部的水加热到了100℃，下部的水仍然是凉的。

下面，来见证这个实验吧！

1. 先往大试管中注入 2/3 的水，然后把小鱼放在试管的下部，并用隔离网隔在试管的中间部位，以免小鱼游到试管的上部去。

2. 接下来的过程，有些危险哦！点燃酒精灯或者蜡烛，用试管夹夹住试管，并保持试管倾斜，让火焰对准试管上部。

3. 慢慢地等待试管中的水沸腾，然后观察小鱼。它死了吗？当然没有，它依然游来游去，快活得不得了呢！

实验结束了，你知道它的原理吗？事实是，由于水是热的不良导体，非常不容易传导热，因此，虽然试管上部的水已经被加热到100℃了，但试管下部的水依然是凉的。所以，小鱼的生命丝毫没有受到威胁，依然活蹦乱跳。

不过，试想一下，如果把小鱼隔离在试管上部，然后加热试管下部，会发生什么？小鱼儿还会安然无恙吗？要知道，下部的试管被加热后，水会受热，而热水可是会上升的，上面的冷水此时则会下降。于是，下降后的冷水被加热后将再次上升，如此循环，形成对流。在这种情况下，小鱼会不会死呢？开动你的脑筋想一想吧！

电

藏在电子和质子里的强大力量

炎热的夏天，人们最需要什么？当然是空调和电扇。可是，忽然，空调不再吹出凉风，电扇不动了，这是怎么回事？原来，停电了！

电是一种自然能量

拿一支钢笔，用塑料薄膜在笔杆上摩擦，之后把钢笔靠近小纸片。你看到了什么？小纸片竟被吸到了钢笔上。这，其实就是钢笔带电现象。电到底是什么？是怎样产生的呢？

这得从物质的构成说起。

其实，世界是由原子组成的。而原子中还存在着更小的粒子——电子和质子。我们要讲的电，就跟电子和质子有关。

简单来讲，电是一种自然现象，也是一种能量。电储存在电子和质子

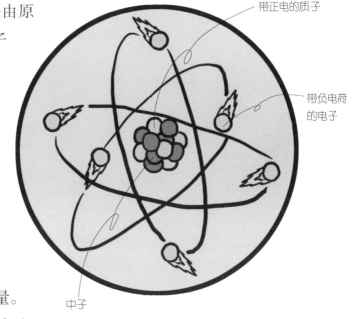

带正电的质子

带负电荷的电子

中子

中，是像电子和质子这样的粒子之间产生排斥力和吸引力的一种属性。通常，电子带负电，质子带正电，而当带负电的电子和带正电的质子之间失去平衡，或者说，只要把带电的质子或者电子释放出来时，电就产生了。这里，带正负电的基本粒子，被称为电荷，带正电的粒子叫正电荷，带负电的粒子叫负电荷。

为什么高压线上的鸭子不会触电

正极
碳棒
裹着碳棒的二氧化锰
容易通电的化学物质
负极
锌铜

1789 年，意大利一位医生正在实验室里解剖青蛙。忽然，让他抓狂的一幕出现了：明明已死去的青蛙，腿上的肌肉竟在收缩！青蛙复活了？当然不是！这只是因为，医生对青蛙实施了电流刺激。那么，电流是什么呢？

电流当然跟电有关，电的流动就被称为电流，而推动电流在电线里流动的"力"被称为电压。电流其实跟水流很像，水会因为两个地方水位有高低而流动起来，电也会在电压的推动下在电线中流动。

见过高压线吧！那上面的电压非常高。可某天，当一只糊里糊涂的鸭子冲上高压线后，它会怎样？瞬间被烧成一只焦皮鸭？听起来，那似乎是一顿美味！不过，你错了，高压线上的鸭子是不会死的。鸭子站上去后，它的双脚之间的电压很小，因此，它不会被电死，相反，还会"嘎嘎"乱叫几声，然后飞下来！

心脏里的电流

心脏周围的组织和体液都能导电，因此心脏其实是一个具有长、宽、高的容积导体。心脏好比一个电源，无数心肌细胞动作电位变化的总和可以传导并且反映到体表，并在体表很多点之间存在着电位差。因此，医生才能借助心电图来观测心脏里的电流。如果捕捉不到心脏电流，那就说明心脏停止跳动了，心电图就会呈现出一条直线的样子！

不过，电流既是"医生"也是"杀手"！适当的电流刺激可以拯救停止跳动的心脏，但如果流经心脏的电流强度过大，就会导致心脏停止跳动！

导体与绝缘体的秘密

所有物质都能导电吗？答案是：不！物理学上，把像金属一样容易导电的物质称为导体，而像塑料、橡胶一样不容易导电的物体称为绝缘体。

那么，为什么绝缘体不易导电呢？你可以这样理解：绝缘体的原子把电子囚禁起来了，电子哪儿也去不了，只能待在原子里，因此很难形成电流。当然，导体中的电子就很容易在原子之间移动了。

注意过家中的电线吗？它们外面总裹着一层塑料皮。而电工维修电路时总戴着橡胶手套。这是因为，塑料、橡胶是绝缘体，一般情况下不导电，能保护人体不被电到。

我们在生活中一定要注意安全用电！因为电线老旧后，外面的塑料皮会脱落，此时，电流就会跑到电线外的地方，造成漏电。而一旦不小心碰到了外漏的电，就非常危险！

只要你平常多注意，就不用害怕"电魔"。比如，定期检查电线、插座和电器的插头等，看是否有损坏。此外，手上有水时也不要摸电器，那样容易触电。

导体：电子的移动非常活跃　　绝缘体：几乎没有电子的移动

雷电
刺眼的亮光，
吓人的声响

"咔嚓嚓！"一条条刺眼的闪电组合成张牙舞爪的巨龙模样，轰隆隆的雷声随之响彻天际。那闪电巨龙似乎随时都会扑向地面，撕碎地上的一切。你有没有被这样的打雷闪电吓得缩在被子里过？说实话，这样恐怖的雷电，有时候连大人都很害怕呢！那么，你想知道，雷电到底是什么吗？真的是玉皇大帝派出的天兵天将吗？

从云端流向地面的电

中国早在 3000 多年前的殷商时期，就有关于雷电的形声字记载，但人们并不知道雷电到底是什么，认为雷电是玉皇大帝派下的天兵天将。而 18 世纪的西方人，在无法解开雷电真相的情况下，也用神话来解释，他们认为雷电是上帝之火，是天神在发怒。

当然，现在你知道，他们都错了。雷电其实是电荷在乌云和地面之间流动时产生的，伴有闪电和雷鸣的放电现象。云是由成千上万的冰晶和水滴组成的，当这些水滴和冰晶遇到快速上升的气流时，会旋转并形成积云，积云上带有电荷。之后，当云层里的负电荷被地面的正电荷吸引而迫切想冲下来时，闪电就形成了。当然，闪电会产生大量的热，导致局部空气快速膨胀，从而挤开周围的空气，发出爆炸般的声响，这，就是雷声了！

啊！我不要被抓走！

抓住雷电的人——富兰克林

相传，在 1752 年的一个雷雨天，富兰克林用一只风筝做了一个实验。他在风筝上安了一根尖细的金属杆，并用一根麻绳与金属杆相连，麻绳的末端拴着一把铜钥匙，而钥匙插在用来储存静电的莱顿瓶中。这样，一个捕捉雷电的连环装置就做好了。他把风筝放到天上，并紧紧抓住麻绳。此时，天空雷雨交加，忽然，一道闪电从风筝上掠过，风筝上的毛毛头竖了起来。风筝带电了！富兰克林赶紧用手去碰铜钥匙，一下子，一阵恐怖的麻木感传遍全身——他被电到了。但他毫不在意，反而兴奋地大吼："我抓到雷电了！"就这样，富兰克林成了第一个抓住雷电的人！

金属杆

麻绳

风筝

被闪电击中 7 次：幸运 还是不幸

我抓到雷电了！

铜钥匙

软木塞

莱顿瓶

如果一个人被雷电击中了会怎样？你一定觉得那人死定了！但事实可能出乎你的意料：有人被闪电击中了 7 次，但每次他都活了下来！

罗伊·苏利文是美国的一名护林员，在他的一生中，他被雷电击中了 7 次。强烈的闪电曾烫焦他

被云层吸引过来的正电荷

云层下面聚集的负电荷会吸引地面上的正电荷

当负电荷遇到正电荷，产生电流时就会出现闪电

我又被击中了！

避雷针

避雷针

富兰克林还发明了对付雷电的避雷针。避雷针，是为防止闪电引发的灾害而安装在建筑物顶端的一个装置。它利用闪电"喜欢"尖细的金属的性质，通过楼层顶端的一个金属棒，把闪电引入地下，从而避免建筑物被雷电毁坏或者发生火灾。

的眉毛、烧着他的头发、扯走他的鞋子，甚至把他远远抛到汽车外面！但每次雷击过后，他都幸运地活了下来。对此，他曾说："闪电总有办法找到我。"

当然，不是每个人都像苏利文一样幸运。在任意一个时刻，世界上都有约1800场雷电正在发生，甚至每秒钟都有近100次雷击。在美国，每年有150人左右因雷击而死。雷击对人体伤害很大，当人遭受雷击的一瞬间，电流迅速通过人体，严重时会导致心跳、呼吸停止，而雷击产生的火花，也很容易烧伤皮肤。

因此，打雷下雨天最好不要外出，也不要跑到树下躲雨或爬到高处，那样容易被雷电击中。当然，若你碰巧在外面，那不妨躲在汽车里。因为闪电打到汽车上之后，会通过汽车传入地底，这样就伤不到你啦！

电与磁

你中有我，我中有你

　　拿一块磁铁，靠近一些金属制品，剪刀、小刀、针等，这些东西马上会被吸附到磁铁上去。如果有个更大的磁铁，放在客厅里，那么客厅周围的金属物就会像被施了魔法一样跑到磁铁上去！很神奇是不是？你知道磁铁是怎么回事吗？电和磁之间，又有什么关系呢？

同极相斥，异极相吸的磁铁

　　男女主人公在前面飞快地奔跑，后面，一个冷艳的美女——实际上是个超级强悍的未来机器人正在紧紧追赶。眼看要追上了，机器人手中变化出的武器已经瞄准了他们，生死一线——忽然，跑道旁的粒子加速器发出了强大的磁场，美女机器人被强大的磁性吸住了，慢慢贴到了粒子加速器上，然后身体开始融化……

融化的身体

美女机器人

粒子加速器

　　这是科幻电影《终结者》中的场景。在这个情节里，如果不是磁场的帮忙，男女主人公肯定要死了！磁场，真是很神奇！磁，到底是什么呢？

　　磁，就是物质具有的能吸引铁、钴、镍等金属的特性。而磁铁，是由铁、钴、镍等原子组合而成的，能产生磁场的物体。磁铁有两端，分别指向地球南方和北方，指向北方的一端称为指北极或 N 极，指向南方的一端为指南极或 S 极。磁铁与磁铁之间，同极相排斥、异极相吸引。也就是说，指南极与指南极相排斥，指北极与指北极相排斥，而指南极与指北极相吸引。

指南针，你一定知道！这是中国的四大发明之一。2300 年前，中国人把天然磁铁磨成勺子的形状放在光滑的平面上，在地磁的作用下，勺柄指向南边，因此人们把这个装置称为"司南"。这，就是指南针的原型，也可说是世界上第一个指南仪。

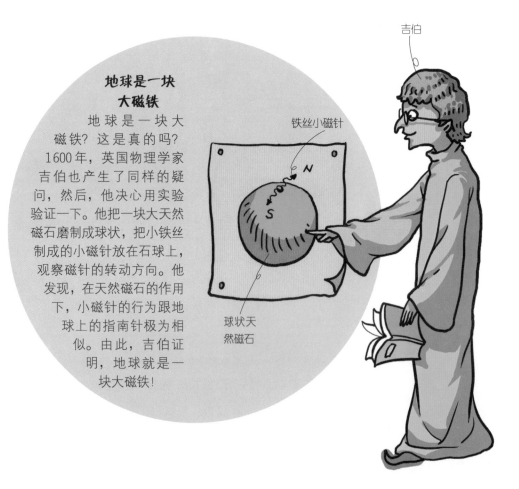

地球是一块大磁铁

地球是一块大磁铁？这是真的吗？1600 年，英国物理学家吉伯也产生了同样的疑问，然后，他决心用实验验证一下。他把一块大天然磁石磨制成球状，把小铁丝制成的小磁针放在石球上，观察磁针的转动方向。他发现，在天然磁石的作用下，小磁针的行为跟地球上的指南针极为相似。由此，吉伯证明，地球就是一块大磁铁！

吉伯

铁丝小磁针

球状天然磁石

电可以产生磁

　　1731 年，一个英国商人偶然发现，在雷电过后，他的一箱刀叉竟然都有了磁性，可以吸引小东西！而 20 年后，富兰克林也发现，莱顿瓶放电可以让缝衣针磁化！

　　这两个事实激发了丹麦物理学家汉斯·奥斯特研究电和磁之间关系的热情。研究一开始很不顺利，毕竟，这两个东西看上去真是一点儿关系都没有！但奥斯特并不灰心，继续研究。

功夫不负有心人！1820年4月的一天晚上，奥斯特给别人讲课时突然闪现灵感，决定把通电导线和磁针平行放置看是否有新发现。于是，他在一个电池的两极间接上了一根很细的铂丝，并在铂丝正下方放了一枚磁针，然后接通了电源。很快，小磁针开始微微地跳动，并转到了跟铂丝垂直的方向。成功了，电跟磁之间果然有关系！他一边抑制着心中的兴奋，一边继续实验，改变了电流的方向，结果，小磁针开始向相反的方向偏转——电流方向跟磁针的转动之间有某种联系！

奥斯特的发现震惊了整个欧洲。电流具有磁效应，电可以产生磁——这是人们之前怎么也想不到的。

磁也可以产生电

蛋生鸡，还是鸡生蛋？这是一个千古谜题，没人说得出答案。可这句话也说明了相互依存的两个事物之间的复杂关系。科学家们做研究时常常会有类似的讨论：既然电可以产生磁，那磁可以产生电吗？

英国科学家法拉第，跟奥斯特一样勤奋又执着。早在1822年，他就认定"磁能转化成电"。但当时，他并未用实验证明这个结论。之后的路，他跟奥斯特一样，走得很

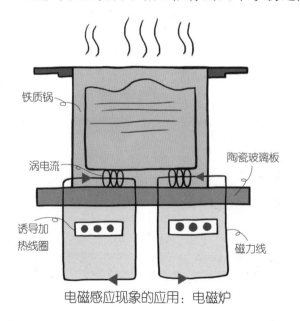

铁质锅
涡电流
陶瓷玻璃板
诱导加热线圈
磁力线
电磁感应现象的应用：电磁炉

艰辛，经历了无数次的失败和困惑。最终，经过近 10 年的漫长探索，1831 年，法拉第终于获得了成功。他发现：只有当闭合导体回路的一部分处在磁场中运动并且满足一定条件时，回路中才会产生电流。这就是著名的电磁感应现象。

电磁感应，简单来讲，就是放在磁场中的导体，在磁场中做特定运动时，导体中就会产生电流。也就是，磁可以产生电。

这是一个伟大的发现，因为它揭示了电和磁之间的内在联系，并为电和磁之间的相互转化奠定了基础，也开创了电气化时代的新纪元。人类能有现在的科技发展，真要感谢这些伟大的物理学家！

静电

秋天常见的
"小电花"

干燥的秋天，晚上脱衣服睡觉时，会听到噼里啪啦的声响，而且还可以伴有一闪一闪的蓝光；跟朋友见面握手时，手指刚一接触到对方，就感觉指尖像针刺一般刺痛起来；早上起床梳头发时，头发经常会"飘"起来，且越梳理越乱……这些都是怎么回事？是什么东西在搞鬼？哈哈，其实，这就是发生在人体上的静电。

摩擦为什么会起电

你知道琥珀吗？传说，琥珀是老虎的魂魄，也被叫作"虎魄"。当东汉王充发现琥珀竟能吸引一些小物体时，人们都猜测是禁锢其中的老虎灵魂在吸食物体！这是真的吗？

当然不是，这是静电在搞怪，古希腊也发生过这事儿。据说，当时的哲学家泰勒斯发现——用毛皮摩擦过的琥珀能吸引绒毛等轻小的东西。当然，西方人并不知道"老虎魂魄"的传言，他们只是猜测：琥珀中一定存在一种看不见的物质，使它拥有吸附功能，这个物质被叫作"电"，而琥珀吸附物体的现象被叫作"摩擦起电"。

后来，人们发现，不但琥珀能摩擦起电，其他很多东西都能摩擦起电。据此，科学家最终研究出了电的本质，也解释了"摩擦起

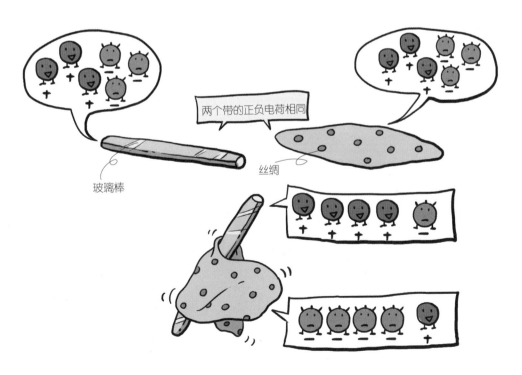

两个带的正负电荷相同

玻璃棒

丝绸

电"，即静电现象。

静电是怎样产生的？静电是一种处于静止状态的电荷。正常状况下，一个原子的质子数和电子数是相同的，也就是正负平衡，对外不会表现出带电现象。可一旦有外力打破这种平衡，物体就会表现出带电现象。这个外力是什么呢？比如，摩擦！

你晚上脱衣服时蹦出的火花，还有梳头发时"飘"起来的头发，都是摩擦产生的静电引起的。天气干燥时，物体间的摩擦较大，因此更容易产生静电。那么，对这些烦人的静电现象，该如何处理呢？

静电与爆炸：不可轻视的小火花

既然知道摩擦能产生静电，那么，尽力减少摩擦就能消除静电了。平常要勤洒水，或用加湿器加湿空气，个人要勤洗澡、勤换衣服。如果头发"飘"起来了，可以把梳子浸入水中一会儿，消除静

呀，这里跑电了！！

电。脱衣服、用手摸墙壁或水龙头之前，也要记得将体内的静电释放出去。

当然，静电的危害不止如此。你玩电脑吗？要知道，电脑屏幕产生的静电会吸引大量悬浮的灰尘，使人们的面部皮肤受到刺激而出现毛孔变大、皮肤干燥等症状，严重时甚至引发皮肤癌。在临床上，虽然病人病危时电击心脏能挽救生命，但正常人体若带静电太多，会严重干扰以致改变人体内固有的电位差，影响心脏的正常工作，甚至引起心率异常。

真可怕！除此之外，如果静电积累到一定程度，还会产生火花，从而点燃某些易燃易爆品而发生爆炸。更严重的是，如果煤矿中出现了电火花，会引起瓦斯大爆炸甚至矿井塌方，危害生命！

若你发现某个地方有电火花，一定要及时通知大人，以免发生爆炸。当然，常见的静电现象并不会产生太大危害，所以，你也不用太担心！

摩擦起电机

17世纪，马德堡的盖利克用硫黄制成了一个状如地球仪的球体，利用摇柄使其迅速转动，然后用干燥的手掌摩擦球体使之停止。这是世界上第一台摩擦起电机。到了1882年，英国的维姆胡斯创造了圆盘式静电感应起电机，用两个同轴玻璃圆板反向高速转动，其摩擦起电的效率很高，还能产生高电压。

电学小实验

简易电磁铁

"什么！用螺丝钉居然能把回形针给吸起来？你在开玩笑吧！"

这可不是吹牛，也不是什么神奇的魔法，更不是故事书里才有的超能力，而是一种物理现象。不信？按照下面的步骤动动手，你就能亲眼见到！

你只需要准备下面四样简单的东西：一节五号电池、一截十几厘米长的细铜丝、一根细长的螺丝钉、一枚曲别针。

接下来，按照下面的步骤做：

1. 沿着螺纹的旋转方向，将细铜丝缠绕在螺丝钉上，可以缠得密一些，但注意不要交叉重叠。

2. 将铜丝的两端分别接上电池的正负极。此时再用螺丝钉接触回形针，你会发现回形针被吸起来了！

好了，实验到此结束，你知道这个现象背后的神奇原理吗？其实非常简单。细铜丝缠绕在螺丝钉上之后，它们就变成了一个有金属芯的螺线管。接上电池的正负极后，电流就会从螺线管中流过，这时会产生一个磁场，螺丝钉也因此成了一个电磁铁。有了磁力，它自然就能把躺着的曲别针给吸起来了。